U0394237

纺织服装高等教育"十三五"部委级规划教材

提花面料
花型设计与工艺

徐颖 著

东华大学出版社
·上海·

内 容 简 介

　　本书分五个项目，包括提花面料花型设计要求、服装面料花型设计、床品面料花型设计、窗帘面料花型设计、抱枕花型设计。每个项目都有详细的练习过程和要求，可以帮助读者更好地掌握提花面料的花型设计要求，花型的布局、排列和层次设计，以及色彩设计和应用设计方法等知识。每个知识点都有详细的操作步骤和具体操作过程。

　　本书按照项目化课程的要求进行编写，力求做到教、学、做三位一体，以激发学生的学习兴趣，培养学生的动手能力。

图书在版编目（CIP）数据

　　提花面料花型设计与工艺 / 徐颖著 . –– 上海：东华大学出版社，2017.2
　　　ISBN 978-7-5669-1174-2
　　　I . ①提⋯ II . ①徐⋯ III . ①提花织物 – 花型 – 设计
　IV . ① TS106.5

　　中国版本图书馆 CIP 数据核字（2016）第 308369 号

．．

责任编辑：张　　静
版式设计：唐　　蕾
封面设计：魏依东

出　　版：东华大学出版社（上海市延安西路 1882 号，200051）
本社网址：http://dhupress.dhu.edu.cn
天猫旗舰店：http://dhdx.tmall.com
营销中心：021–62193056　62373056　62379558
印　　刷：上海龙腾印刷有限公司
开　　本：889 mm × 1 194 mm　1/16　印　张：5.5
字　　数：150 千字
版　　次：2017 年 2 月第 1 版
印　　次：2019 年 12 月第 2 次印刷
书　　号：ISBN 978-7-5669-1174-2
定　　价：45.00 元

前 言

项目化教学作为高职教学的一项重要改革措施，对于改变高职教学模式、提高人才培养质量具有深远的意义。

"提花面料花型设计与工艺"为高等职业教育艺术设计类专业课程，以提花面料花型设计师工作岗位为导向，在对该岗位的工作任务与职业能力进行分析的基础上，确定该课程的基本结构和内容，总体设计思路是以能力为主线的任务引领课程模式。

本书为"提花面料花型设计与工艺"课程的配套教材，根据项目化课程要求，由杭州职业技术学院具有长期理论教学经验，并在达利（中国）有限公司杭州设计室实习一年多的专职教师编写而成，同时还得到了企业专家陈艳芳经理、李红梅设计总监的指导和帮助。本书在编写过程中立足于以下特色：

1. 充分体现任务引领实践导向的课程设计思想，以工作任务为主线设计教材结构。

2. 内容简洁实用，融入提花面料生产中的新知识、新技术、新方法，以顺应工作岗位的需要。

3. 以学生为本，文字通俗易懂，表达简单扼要，内容图文并茂，能引起学生足够的学习兴趣。

4. 注重实践，内容可操作性强，强调在实践操作中理解理论。

建议前续课程有花卉写生、花卉变形、色彩与构成、计算机辅助设计、纺织材料与组织设计、印花面料花型设计与工艺，后续课程有丝绸旅游品设计、毕业设计等，建议课时 80。

著者

2016 年 8 月

目 录

目 录

目 录

项目一 提花面料花型设计概述

项目描述：

本项目以提花面料花型设计为任务驱动，在熟悉提花花型设计工艺流程和规范的基础上，了解提花和印花花型的区别，掌握提花花型的设计要求，能确定提花花型的设计素材，提高学生在花型设计方面的就业能力。

能力目标：

1. 能使用互联网、时尚杂志等渠道获取流行素材；
2. 能确定提花设计稿花型尺寸；
3. 掌握提花花型的限色规律。

1.1 提花和印花

1.1.1 提花和印花工艺概述

（1）提花工艺概述

纹织物按织机类别分，一般可分为大提花织物和小提花织物。大提花织物俗称提花织物，学名为纹织物，是在提综较为复杂的大提花织机上织造的，主要通过控制各根经纱的运动规律来形成变化较为复杂的花型图案。小提花织物一般在多臂织机上织造，按照织物组织来控制综片的升降规律，可形成各种不同的花纹（图1-1、图1-2）。

图 1-1 小提花面料一

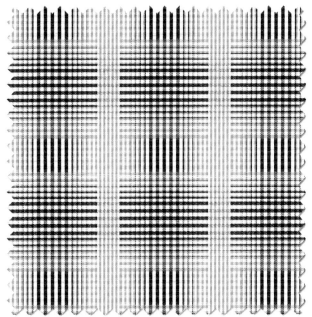

图 1-2 小提花面料二

人们通常提到的纹织物是大提花的简称，通常指由提花机织造的具有大型花纹的织物（图1-3、图1-4）。纹织物的特点是花纹循环较大，一个花纹循环的经纱数较多，花纹复杂，织物图案玲珑细致、层次感丰富，图案色彩既可文静幽雅，也可绚丽多姿，是机织物中的瑰宝。纹织物产品主要用于服装和装饰用品，特别是家纺用品，如提花窗帘、提花沙发布、提花毛巾、提花床罩等。

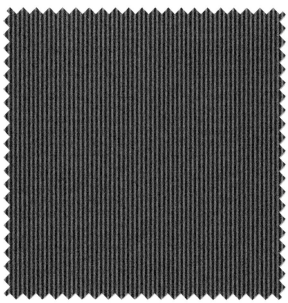

图 1-3 大提花面料一　　　　　　　　　　　　　　图 1-4 大提花面料二

（2）印花工艺概述

印花，是指运用辊筒、圆网和丝网版等设备，将色浆或涂料直接印在面料或衣料上的一种图案制作方式（图 1-5、图 1-6）。印花工艺的运用在我国有很悠久的历史，可以追溯到秦汉时期甚至更早。印花织物色泽艳丽、五色斑斓、纹样千奇百态、题材丰富，颇得人们喜爱。

图 1-5 传统印花技术一　　　　　　　　　　　　　　图 1-6 传统印花技术二

1.1.2 提花和印花花型的区别

提花花型和印花花型有很大的区别，两者的生产工艺不同，生产出风格迥异的两种织品。

（1）工艺上的区别

提花花型是指织物上以经线、纬线交错而形成的凹凸花纹（图1-7）。提花花型是在织造时织上去的，织成布以后一般不能再改变花型，色彩套数受到生产工艺、生产成本等因素的限制（图1-8、图1-9）。

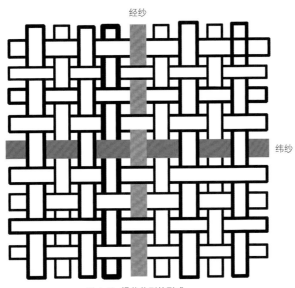

图1-7 提花花型的形成

图1-8 提花花型一

图1-9 提花花型二

印花花型是指布织好以后再印上去的图案，可以有多种选择。印花为局部染色。早期的印花设计受工艺的制约，限制了色彩套数和花回长度（图1-10、图1-11）；而现代数码印花技术打破了色彩套数和花回长度的限制（图1-12）。

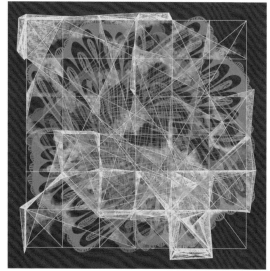

图1-10 传统印花花型一

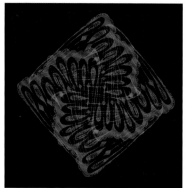

图1-11 传统印花花型二

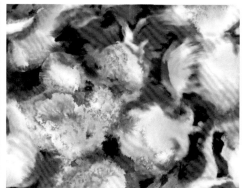

图1-12 数码印花花型

（2）题材上的区别

纹织物优雅高贵，生产工艺相对复杂、成本高，所以在取材上要考虑织花的品质与风格。虽然题材涉猎广泛，但是有一些限制，一般选择比较优雅的花卉、几何、自然风光等，较少选择卡通趣味的纹样（图1-13）。而印花纹样几乎没有限制，只要符合印花机器设备和成本预算即可，所以在题材上印花纹样更能符合创新的审美需求，更能给消费者带来视觉惊喜（图1-14）。

图1-13 提花题材

图1-14 印花题材

（3）风格上的区别

织花工艺形成的纺织品高贵典雅、档次高、光泽好，常用于高档的室内装修与服装设计，其纹样也讲究工整美观、构图饱满、线条清晰优美（图1-15、图1-16）。而印花工艺形成的纺织品的风格可以多样化，如高贵富丽、卡通可爱、乡村甜美、时尚前卫等，主要看设计者的构思与要求，允许设计者匠心独运（图1-17）。

图 1-15 提花图案一

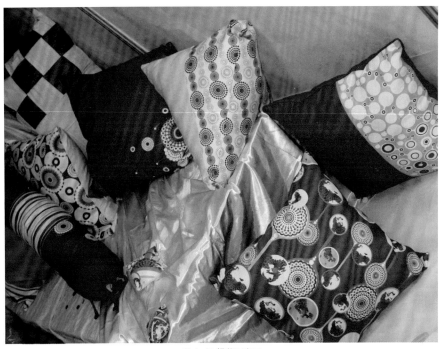

图 1-16 提花图案二

图 1-17 印花图案

（4）表现手法上的区别

织花纹样的表现手法主要有平涂法、点绘法、撒丝法、踏笔法等。这些手法都能很好地处理块面间的关系，色块分明而笔触变化无穷，能让设计者发挥自己深厚的功底。印花纹样的表现技法丰富多彩，除了上述的织花纹样的手法外，还能用蜡笔法、泼墨法、点蘸法、电脑处理法等方法，所受限制少。

在印花设计中，晕染是常用的表现技法，它可以不留痕迹地自然过渡。这种方法的特点是形态含蓄、自然秀润、变化微妙（图 1-18）。但是提花没有这种表现技法，要表现花卉的立体感，必须采用泥点的方式，一般采用三个层次的泥点：暗的，中间的，亮的；偶尔也会采用四个层次，通过高光或者黑点来增加层次（图 1-19）。

图 1-18 晕染效果

图 1-19 泥点效果

印花可以单纯地用颜色进行表现，色彩的变化体现了设计者无限的情感。而提花主要靠织物组织来体现设计美感，块面处理就显得尤为重要，太大的块面必须进行处理，或在块面上增加层次（图1-20），或在块面上增加肌理（图1-21）。

(a) 处理前   (b) 处理后

图1-20 在块面上加层次

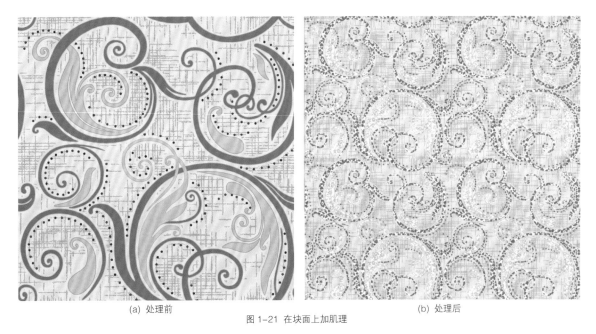

(a) 处理前   (b) 处理后

图1-21 在块面上加肌理

塌笔和撇丝是提花和印花中都常用的表现手法，它们以分块的形式来表现花卉的立体感，将在项目三中具体介绍。

（5）构图形式上的区别

织花纹样的构图比较注重工整、对称、平衡，便于四方或二方连续（图1-22）。印花纹样则比较灵活，构图可根据用途别出心裁，独幅或连续纹样都可以（图1-23）。

图1-22 提花构图形式

图1-23 印花构图形式

（6）色彩上的区别

织花纹样由于受到工艺的限制，对色彩的套数也有极大的限制，对色彩的块面大小分布也有讲究。色彩套数还会影响成本、工艺的选择。织花的颜色是由经纬线交织所产生的，所以配色时要根据织物组织而定，这样才能更好地预见织物的最终效果（图1-24）。而印花图案的颜色可以丰富很多，印花的方法也比较多，配色上可以大胆，块面的配置也可以变幻无穷，只要最终效果符合美感需求即可（图1-25）。

图1-24 提花纹样用色案例

图1-25 印花纹样用色案例

1.1.3 提花面料花型设计要求

（1）符合用途和消费要求

每个国家和民族都有各自的传统文化艺术和审美情趣，各个地方也有自己的艺术文化的地域性。还有些设计是客户订单定制的，设计师在设计时就要在保证美感的情况下满足客户对产品的要求。

（2）符合组织结构要求

纹样应根据织物的原料种类、经纬纱线的系统数、纱线线密度、组织种类、各种组织的光泽及经纬密度等因素进行选择。不了解组织结构会导致织物上出现通经通纬、花路、起绉等问题。

（3）符合生产工艺要求且方便生产

提花纹样的设计不如印花纹样自由多变，工艺限制比较多。从方便绘制意匠图出发，纹样应清洁、工整、色彩明快、正确连接、轮廓清晰。从织造生产要求出发，纹样排列应均匀，花纹不能太集中。否则，织造时提花龙头负荷时轻时重，会使织机抖动加剧，易造成轧梭、飞梭事故。

（4）符合绘画艺术原则

纹样造型要美，色彩轮廓要明确，有上进和健康感，要符合消费对象的审美需求及美观、实用、舒适等原则。

（5）纹织物尺寸

提花工艺对纹样设计的限制主要体现在三个方面：纹样尺寸、纹样色彩及图案色块的清晰度。

纹样尺寸：主要由机台的笼头大小（纹针数）和纱密决定。如达利公司的机台有9600、4800、2400针的笼头，这三种机台的经密都是114根/厘米，纹样横向（经向）尺寸分别为84、42、21厘米；还有3840针的笼头，其经密为106根/厘米，纹样横向（经向）尺寸为36厘米。

纹样色彩：纹样色彩主要和织物的厚度相关。提花不同于印花，它的形成原理是经纬纱交织，所以每个纯的颜色需要一种纱线来呈现。如果同时（同一水平线）出现的色彩太多，就会导致面料太厚，也会使成本大增，所以一般不超过4层。床品中为确保色彩效果，最常用的是3层，也有用2层、单层的，色彩丰富、花型复杂的就用4层（图1-26）。

图案色块的清晰度：这是完全区别于印花图案设计的，因为每个色块代表一个组织，所以必须色块清晰，才可能实现下一步的组织设计工作（图1-27）。

图1-26 色织提花图案

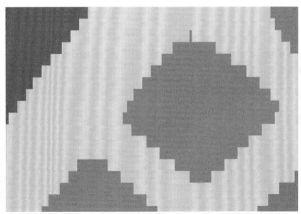

图1-27 清晰的色块

1.2 认识纹织物

1.2.1 纹织物的类别和设计内容

　　根据原料不同,纹织物可分为丝织物、棉织物、毛织物等类别。丝织物又分为桑蚕丝、绢丝、黏胶丝、合成纤维长丝、金银丝等纹织物或交织纹织物,典型产品有花软缎、织锦缎等。以棉纤维或棉型混纺为主要原料的纹织物产品有床单、毛毯、毛巾等。以毛纤维或毛型化学纤维为主的纹织物产品有提花毛毯、提花腈纶毯等。

　　纹织物按组织结构分类,有简单纹织物、复杂纹织物。简单纹织物是由一个系统(组)的纬纱和一个系统(组)的经纱交织而成的纹织物。复杂纹织物是由复杂组织为基础组织而构成的纹织物,如经二重、纬二重等重组织或双层、三层等多层组织形成的纹织物,以及毛巾组织、起绒组织、纱罗组织等形成的纹织物。

　　纹织物按染整加工分类,有白织纹织物、色织纹织物、漂白纹织物、染色纹织物、印花纹织物,拉绒纹织物、涂层纹织物及其他经过特种整理的纹织物。

　　纹织物设计通常包括品种设计(包括组织结构设计)、纹样设计、意匠设计、装造设计、色彩设计、制造工艺设计及纹板轧制等内容。

1.2.2 织物的正反面和经纬向

　　(1)正反面

　　a. 一般而言,织物正面的花纹、色泽均比反面清晰美观(图1-28、图1-29)。

　　b. 观察织物的布边,布边光洁、整齐的一面为织物正面。

　　c. 具有条格外观的织物和配色模纹织物,其正面花纹必然是清晰的。

图1-28 织物正面　　　　　　　　　　　　　　　　图1-29 织物反面

（2）经纬向

a. 如织物有布边，则与布边平行的纱线为经纱，与布边垂直的纱线为纬纱（图1-30）。

b. 通常，织物密度大的方向为经纱，密度小的方向为纬纱。

c. 含有浆分的是经纱，不含浆分的是纬纱。

d. 筘痕明显的织物，则筘痕方向的纱线为经纱。

e. 织物中若一组纱线为股线，而另一组为单纱，则通常股线为经纱，单纱为纬纱。

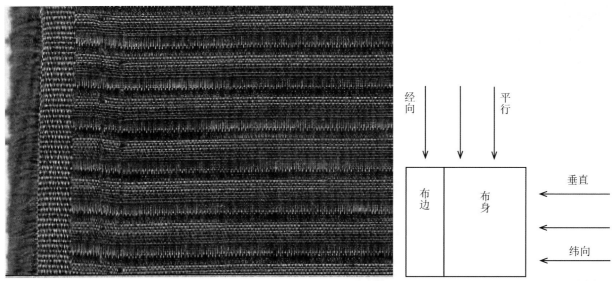

图1-30 织物经纬向

由于织物用途极广，因而对织物原料和组织结构的要求也是多种多样的，判断时还要根据织物的具体情况进行。

1.2.3 织物组织和纹样设计的关系

组织设计和纹样设计在提花中是相互依存、相互影响的关系。符合要求的图案是较好地体现组织设计的基础，如果图案与提花设计的要求差异太大，那么再好的组织设计人员也很难体现出好的效果，或者会花费很多时间来弥补这个不足。

在现实工作中，有些图案设计人员的作品特别容易出效果，而有些图案设计人员的作品视觉效果还行，但是组织设计人员怎么努力都体现不好。这就关系到图案是否符合组织设计的要求。同样，同一幅图案也会由于组织设计人员的水平差异而呈现完全不同的效果。这就关系到组织设计人员对图案的理解力和审美观是否跟得上图案设计人员的创作思路。所以两者需要互相配合，互相沟通。如果由同一个人实现，将是非常完美的。

1.3 提花花型设计流程

1.3.1 纹织物生产工艺流程

（1）整体设计

根据织物用途、销售对象、流行趋势等因素，全面考虑织物的风格特征，选定原料、线型，确定门幅、经纬密度，设计组织结构和织造工艺流程及必要的后处理工艺。

（2）纹样设计

依据品种用途和组织结构，画出纹样图案。织物的纹织图案和印花图案的设计并不完全相同，除了考虑符合品种的风格特征和客户要求外，还要兼顾组织结构和机织工艺的限制。

（3）意匠设计

意匠是织造纹织物的一个重要环节，是纹样和组织结构相结合的过程。意匠设计是将纹样放大、移绘到特定的意匠纸上，并在花纹的范围内覆盖必要的组织点。根据设计的要求，意匠图上的每一种颜色都代表着一种组织。

（4）装造设计

在提花机的每根纹针下穿吊纹线，使经纱受提花机纹针的控制，这个工作称为提花机装造，主要包括装造设计、装造准备和上机装造等内容。

（5）色彩设计

按照纹样设计意图，结合市场需求和流行色趋势，确定经纬纱线的色彩，选用染料和染整过程。

（6）织造工艺设计

织物上机织造必须先进行工艺设计，确定成品规格、总经根数、经纬纱密度、边经数、筘号、筘幅等内容。

（7）纹板信息处理与纹板轧制

将意匠图上的各种颜色符号，根据织机的条件，转化为能被织机识别的控制经纱升降的信号。对于有纹板的机械式提花机，按意匠图上纵、横格的颜色符号或纹板轧孔方法说明，对纹板进行轧孔，制作纹板。

1.3.2 设计角度的提花工艺和生产流程

提花工艺的内容如果从原料选择开始一直到后整理加工，则是比较复杂的，每一个步骤都可以独立形成一门学科。下面从设计角度来说明提花工艺和生产流程：

（1）设计经理根据客户要求、业务反馈及市场调研情况制订总体季度开发计划，主要包括设计花型的风格、要求数量及要求完成时间。

（2）组织设计主管制订具体的设计工艺，包括几类花型的所用原料、经纬密及相应尺寸。

（3）图案设计主管负责具体的图案设计工作，包括图案的收集选用，以及具体图案的绘制的进度跟踪、指导和最终审核。

（4）图案设计完成后进入组织设计阶段，组织设计人员根据图案设计组织，把设计好的织造文件及工艺单发回工厂打样。

（5）打样人员安排合适的机台，准备好打样原料，安排挡车工织造。

（6）相关人员一起评审从工厂返回的组织样，讨论图案的美观性及组织设计的合理性。如果还有提升空间，就提出建议继续调整打样，否则就开始进入配色环节。

（7）图案设计人员对自己设计的花型进行配色，做好配色存档工作。

（8）相关人员一起评审配色样，比较美观的就选中下米样（指长度为1米左右的小样），设计主管审核工艺参数，做好选中米样存档工作。

（9）安排米样单生产，了解生产可行性，如织造中出现困难，车间应即时反馈，马上组织设计主管进行工艺调整，包括组织、密度等。

（10）安排米样的后整理，主要根据大多数客户的要求进行选择，如床品的柔软处理、窗帘的硬挺处理等。

（11）安排样品间进行挂片和挂钩制作，供客户及成品设计人员挑选。

1.3.3 从花卉写生到提花花型设计

步骤一：花卉写生

花卉写生主要是根据花卉实物的特点（图1-31），用线条或明暗的描绘手法进行概括、提炼，使花卉图案具有装饰性的美感（图1-32、图1-33）。

图1-31 花卉实景图

图1-32 花卉写生稿一

图1-33 花卉写生稿二

步骤二：花卉变形

花卉变形即花卉的原型创作，根据写生花卉的特点做点、线、面的处理。图1-34 至图1-37 中，有些是进行点的密集处理，有些是进行线的密集处理，有些是进行装饰纹的添加。

图1-34 花卉变形一

图1-35 花卉变形二

图1-36 花卉变形三

图1-37 花卉变形四

步骤三：从单元纹样到四方连续纹样

根据原型创作的素材赋予一定的结构形式，根据形式美的法则进行大小疏密的处理，进行层次设计和排列设计（图 1-38、图 1-39）。

图 1-38 单元纹样　　　　　　　　　　　　　　　图 1-39 四方连续纹样设计稿

步骤四：纹样效果绘制

图案设计中应注意：

a. 选取资料后，应先接循环，然后再动手画，所画图形在接循环时要避免路的出现。

b. 绘画过程中，运用 photoshop 中的钢笔工具时，要把消除锯齿点掉，图形是像素化的，不能是虚的，这样会增加杂点。

1.4 项目设计流程

1.4.1 收集流行资讯及素材

使用互联网和时尚杂志等资源获取流行资讯及素材，如 POP-fashion、昵图网、记忆网等（图 1-40、图 1-41）。

图 1-40 互联网素材　　　　　　　　　　　　　　图 1-41 时尚杂志素材

1.4.2 确定花型尺寸

a. 当画上的图案尺寸设计得与实际尺寸为 1:1 时，用度量工具测量花型尺寸，测出的尺寸就是最终在面料上呈现的实际尺寸。确定花型尺寸具体要看花的繁易程度。

b. 选取图 1–42 所示的流行花卉图案为素材，进行四方连续纹样设计（图 1–43），若设置成 4800 像素，单个花头尺寸为 20 厘米左右；若设置成 9600 像素，则单个花头尺寸为 40 厘米。考虑到花头 40 厘米太大，所以选择设计为 4800 像素。

图 1–42 流行花卉图案

图 1–43 四方连续设计稿

1.4.3 辨别花型的经纬纱颜色

一般来讲，一个颜色代表一种组织，组织可以采用经面缎纹、纬面缎纹及加强组织，使织物呈现不同的颜色。提花与印花不同：印花产品可以有很丰富的层次和色彩；而提花产品的色彩是通过纱线本身的颜色和织物组织呈现的，不是颜色越多越好，因为颜色太多会增加织物的加工难度和生产成本，一般控制在 4 套色以内。

图 1–44 中的设计采用了 6 个颜色，这只是代表织物中有 6 种组织，并非有 6 种颜色的经纱和纬纱。该织物中，经纱为土红色，纬纱为较深的蓝色、绿色和玫瑰红色。

图 1–45 所示的提花面料的花型采用 6 种颜色，也代表 6 种组织。同样可以判断出该提花面料的经纱为深紫色，纬纱为中黄色、深米色、浅黄色。

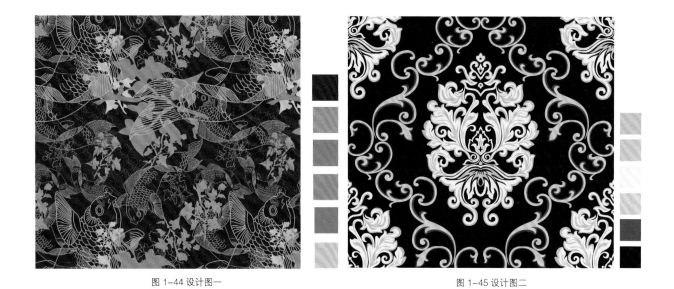

图 1-44 设计图一　　　　　　　　　　　　　　　图 1-45 设计图二

项目二 服装面料花型设计

项目描述：

本项目以服装面料的花型设计为任务驱动，在掌握提花花型的设计要求的基础上，能确定设计素材，熟悉纹样结构和层次设计，能进行定位花型和二方连续花型的设计，促进学生在花型设计方面的就业能力。

能力目标：

1. 能使用互联网、时尚杂志等渠道获取流行素材；
2. 能根据形式美法则进行独立纹样的变体设计和二方连续纹样设计；
3. 能对纹样进行层次设计；
4. 能根据色彩流行趋势进行纹样的系列设计和应用设计。

2.1 图案概述及经典图案

2.1.1 图案概述

图案，广义上指对某种器物或建筑实体的结构、色彩、纹样的设想，在工艺材料、用途、经济、生产等条件的制约下，绘制成的图案；狭义上则指器物上的装饰图案。（详细参见《中国工艺美术大辞典》第3版，吴山主编，江苏美术出版社，2011年）

最早的服饰图案应是古代的纹身，即便在今天，纹身仍然作为一种时尚艺术被体育、演艺明星等所喜爱。由此可见人们对于服饰美感的追求历史古远而悠久，对于美的追求始终孜孜不倦。服饰图案即装饰服装的纹样，而设计师是利用自己对美的意识去赋予服装一定的美感。

2.1.2 经典图案

纹样题材的产生源于劳动人民长期的生产实践和艺术实践。图案的美与生活紧紧相连，表示出深刻的生活内涵，是从客观事物中提炼出来的艺术形象。水纹波、漩涡纹、云雷纹、谷叶纹、网格纹等图案，就是原始先民渔猎、农耕生活的反映。因此，纹样题材十分广泛，设计者巧妙地运用各种题材而构成一幅幅新颖的图案。

经典图案是指非常有个性，代表一个民族或一个时期，具有深刻的文化和审美意义的图案。

（1）中国经典图案

中国经典图案包括缠枝花图案、卷草图案、团花图案、吉祥图案等，以及在这些图案的基础上，经过艺术加工演变成各种类型的变形和抽象的装饰纹样。

a. 缠枝花图案：以植物花草为题材，枝蔓呈S形、旋涡状，枝茎与花朵构成涡形并呈切圆状，枝茎上填有叶子、小花等以丰富画面，使图案有错落之主次、轻重缓急之节奏（图2-1、图2-2）。缠枝花图案因具有充满生机的动感、生生不息的美好寓意而被全世界的人民所喜爱而不断发展。

图 2-1 北宋 缠枝牡丹纹　　　　　　　图 2-2 明代 缠枝莲花纹

　　b. 卷草图案：又名为唐草，植物的枝蔓呈波状而卷曲，并向左右或上下延伸的花草纹样。卷草图案优美流畅、动静融合，可作连续纹样也可作独幅纹样使用，可塑性强，一直是备受各门类设计师所追捧的纹样之一（图 2-3、图 2-4）。

图 2-3 卷草图案　　　　　　　　　　图 2-4 唐代 卷草图案

　　c. 团花图案：以花草植物、鸟兽虫鱼、才子佳人或龙凤等为题材，组合成一个外形圆润呈圆团状的适合纹样，多数为对称式（图 2-5、图 2-6）。团花图案以刺绣工艺为主，细致高雅、充实饱满，是服装中人们喜闻乐见的图案。

图 2-5 团花图案一　　　　　　　　　　图 2-6 团花图案二

d. 吉祥图案：是中国的特色纹样。中国人的审美追求"图必有意，意必吉祥"的境界，吉祥图案寓意幸福、美好、丰定、平安、长寿、多子、发财等美好的祈愿，常以龙凤、麒麟、牡丹、莲花、仙女、如意等物为题材（图2-7、图2-8）。

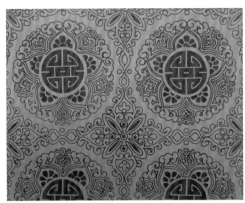

图2-7 吉祥图案一

图2-8 吉祥图案二

（2）国外经典图案

国外经典图案主要包括佩兹利图案、日本友禅图案、法国朱伊图案和莫里斯图案。

a. 佩兹利图案：亦称火腿纹、腰果纹，是一种以旋涡纹组成的火腿形的狭长卷曲纹样。它的线条柔美顺畅、繁复华美，内部可以填充各种花卉或几何图案，构图灵活多变，可繁可简、变化万千。佩兹利图案的运用十分广泛，如服饰、家纺、壁纸等领域。时装设计大师夏奈尔（Gabrielle Chanel）有一句经典名言："时尚不断在变，而风格永存。"佩兹利图案已经成为一种经典风格在时尚领域独树一帜（图2-9至图2-14）。

图2-9 佩兹利图案一

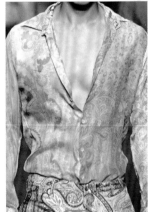

图2-10 佩兹利图案二

图2-11 佩兹利图案三

图2-12 佩兹利图案四

图2-13 佩兹利图案五

图2-14 佩兹利图案六

b. 日本友禅图案：友禅图案是极具日本特色的图案，是适合运用在制作和服时所印染、绘制的图案，风格鲜明，图案繁复华丽（图2-15、图2-16）。友禅图案源自日本江户时代中期元禄年间，是一位扇画师宫崎友禅法师所创而得名。其工艺甚为复杂，先以糯米制成糊料防染，再以手绘、印染、刺绣、揩金等工艺手法进行表现。在题材的选择上，友禅图案和中国传统图案极为相似，这和早期日本的艺术受中国的影响极大有关，通常将兰草、梅花、菊花、竹叶、松鹤、樱花等图案和龟甲纹、清海波纹、几何图案等组合运用。

图2-15 日本友禅图案一　　　　　　　　　　　　　　　　图2-16 日本友禅图案二

c. 法国朱伊图案：为法国传统印花图案，是以人物、动物、植物、器物等构成的田园风光、劳动场景、神话传说、人物事件等连续循环图案（图2-17、图2-18）。其色调以单色相的明度变化为主，最常用的有深蓝色、深红色、深绿色、米色，分别印在本色匹布上，形成图案。统一的套色和手法使复杂的图形设计极具协调感，形色间呈现出人间古朴而浪漫的气息，是绘画艺术和实用艺术相结合的艺术典范。

图2-17 法国朱伊图案一　　　　　　　　　　　　　　　　图2-18 法国朱伊图案二

d. 莫里斯图案：诞生于19世纪中叶的英国，内容取材自然，是以银莲花、雏菊、郁金香、蛇头花、葡萄树等植物的花朵、叶子、藤蔓与鸟纹等构成的图案（图2-19）。布局严谨细密，骨格工整对称，叶形婀娜舒展，花型饱满，鸟禽灵动欲飞，配色典雅，结合勾线与平涂等表现手段，使莫里斯图案成为欧洲的经典图案。

图 2-19 莫里斯图案

2.2 形式美法则

形式美法则是人类在创造美的过程中对美的形式规律的经验总结和抽象概括。它是一种含蓄内敛的审美法则（对称、对比、和谐、节奏等），通过它使具体的图案达到符合人们的审美标准。形式美法则是因主体而异的，各领域对美的要求都有较大的差异。图案形式美法则的具体内容如下：

a. 和谐：即协调。图案的和谐性，既包括图案自身形式方面的对称、节奏、韵律、秩序之间的和谐，又包括图案与修饰主体（如服装、家用纺织品）相联系所产生的关系的和谐（图 2-20）。如果图案的各个局部都处理得恰当，并能带给人们愉悦的心情，就符合时间与空间的和谐、局部与整体的和谐。时间与空间的和谐指的是图案的修饰主体所运用的时间和场所，还包括其所处的时代、民族、文化状态等因素。局部与整体的和谐指的是图案的各个组成部分有机地相互联系而彼此协调，局部要与图案整体本身和所修饰主体的造型、特点相和谐。

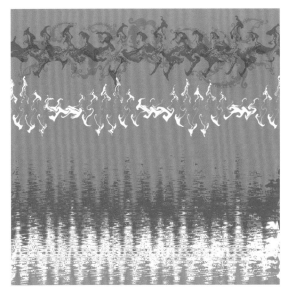

图 2-20 和谐美

b. 对比：在图案设计中，对比无处不在，如大与小、粗与细、曲与直、冷与暖、简与繁、疏与密、动与静、传统与现代等。对比有助于更鲜明地表达图案的思想，给作品带来强烈的视觉效果（图2-21）。但对比是一把双刃剑：运用恰如其分时，图案生动活泼、新颖耐看；否则，图案凌乱无序、毫无美感。

图 2-21 对比美

c. 节奏：节奏是音乐术语。在图案设计中，节奏是指某一形或色在空间中有规律地反复出现，引导人的视线有序地运动而产生的动感（图2-22）。如果画面没有节奏，便没有韵律和美感，而画面的节奏是通过造型、姿态、线条、色彩的块面等有机的排列与变化形成的。当人们欣赏到一幅图案时有乐感般的弹跳和舒心感，这幅图案的节奏设计就是成功的。

图 2-22 节奏美

d. 比例：比例是指物体的整体与局部、局部与局部之间的尺度或数量关系。西方人认为黄金比例是最能引起人的美感的，并广泛运用在国旗、邮票、书籍等设计中。对于比例的合理权衡，在图案设计中是至关重要的。

e. 变化：变化是指突破原来的观念、构图、题材、表现方式或色彩等方面。变化必须达到高度统一，使其统一于一个中心的视觉形象，才能构成一种有机整体的形式。

f. 层次：服装图案设计要分清层次，使画面具有深度、广度而更加丰富。如果图案缺少层次，则让人感到平庸。丰富的层次感使图案耐人寻味。如色彩从冷到暖，明度从亮到暗，纹理从复杂到简单，造型从大到小、从方到圆，构图从聚到散，质地从单一到多样等，都可以看成富有层次的变化。层次变化可以获得极其丰富的视角效果。

2.3 纹样结构设计

2.3.1 二方连续的概念与连接方式

二方连续又称花边过带状纹样。它是将一个或数个基本纹样构成单位形，并以此为基础向上下或左右反复连续而成，左右延伸的称为横式，上下延伸的称为纵式。因为骨法不同，产生了很多变化。下面介绍几种排列方式：

上下排列为纵式或竖式二方连续，左右排列为横式二方连续。二方连续能使人产生秩序感、节奏感，适用于衣边部位的装饰，如领口、袖口、襟边、袋边、裤脚边、侧体部、腰带、下摆等部位。

波浪式：（手绘稿的方式）纹样设计由一根主轴线作波状连续，有单线波纹和双线波纹两种，纹样可以安排在波线上，也可以安排在波肚内（图2-23）。

图 2-23 波浪式

散点式：散点式没有明显的方向，用一个或两个纹样依次作上下或左右排列，互不连接，只有空间的呼应（图2-24）。

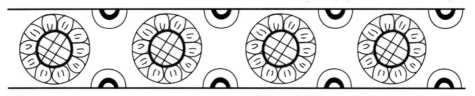

图 2-24 散点式

直立式：纹样向上或向下，纹样之间可以连接，也可以不连接（图2-25）。

图 2-25 直立式

倾斜式：纹样方向可以作各种角度的倾斜，可以向左，也可以向右，形式多样，组成的图案灵活、活泼（图2-26、图2-27）。

图 2-26 倾斜式一

图 2-27 倾斜式二

23

折线式：折线式图案的主轴线由直线组成，而非曲线。其纹样多作对向排列，主轴线可藏可露，藏则要求纹样必须是适合纹样（图2-28）。

图2-28 折线式

剖整式：有全剖式和一整一剖式。由两个不完整形组成连续纹样，叫全剖式；由一个整形和两个不完整形组成连续纹样，叫一整一剖式（图2-29）。

图2-29 剖整式

2.3.2 纹样的排列与布局

（1）根据花型特点进行排列

花稿结构设计是依据形式美法则，运用单独纹样进行的排列、布局、构图、连接的设计。花稿构图形式类似于建筑物的框架与人体的骨骼，起重要的造势和支撑作用，这里主要指四方连续纹样的构图排列。

a.散点式：一个或多个单独纹样在规定单元尺寸范围内，作散点状排列而构成（图2-30）。

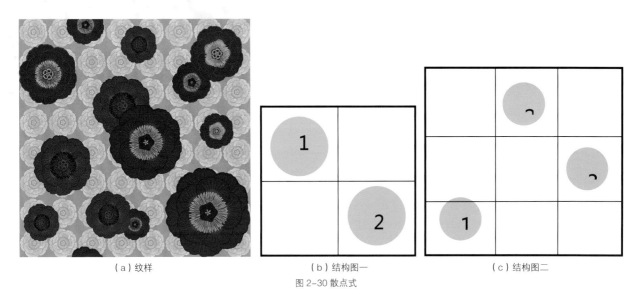

（a）纹样　　　　　　　（b）结构图一　　　　　　（c）结构图二

图2-30 散点式

b.重叠式：采用两种及两种以上纹样进行多层次重叠组合而成，上面的纹样称为浮纹，下面的纹样称为底纹（图2-31）。

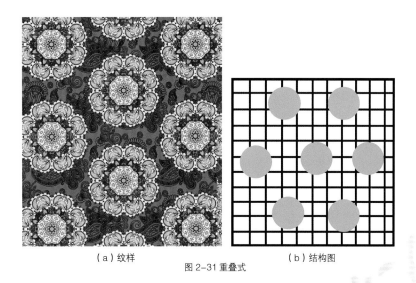

（a）纹样　　　　　　　　　　　（b）结构图

图2-31 重叠式

c. 连缀式：以花、枝、叶作缠枝，或以波纹、菱形等形式循环连接，产生连绵不断、穿插排列的连续效果，可分为波形、菱形、梯形、转换等类型（图2-32）。

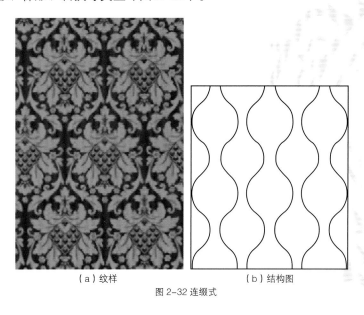

（a）纹样　　　　　　（b）结构图

图2-32 连缀式

d. 几何式：以各种几何形纹样进行重复连续，循环后形成条、格、网等构成形式（图2-33、图2-34）。

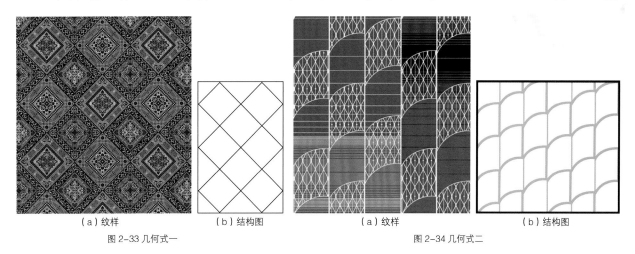

（a）纹样　　　　（b）结构图　　　　　　　（a）纹样　　　　　　　（b）结构图

图2-33 几何式一　　　　　　　　　　　图2-34 几何式二

（2）根据风格进行布局设计

进行纹织物设计时，要将不同的图案与织物组织有机地结合在一起，以体现织物的风格特点。设计时，即便是同一题材的纹样，也可根据设计意图采用不同的排列方式和布局，采用多种表现手法，产生不同的效果，在织物上体现不同的风格。

布局主要指要素占据平面空间的密度及花与地的比例，可以理解为构图的基本样式，主要有以下三种：

a. 清地布局：图案占据空间比例较小，花大约占平面空间的1/2以下（图2-35）。这种布局看似简单，但是对图案本身的造型要求极高，强调姿态优美、造型完整、穿插得体，表现出花清地明的布局特色。

b. 混地布局：花、地各占平面空间的1/2，排列均匀，虽然留有一定的底纹，但总体以花纹为主（图2-36）。往往采用多种表现技法，配以一定的对比变化因素。

图2-35 清地布局   图2-36 混地型

c. 满地布局：花占据空间的大部分甚至全部，特点是花多地少（图2-37、图2-38）。这种布局多用于装饰变化强或抽象、多层次效果的图案，配以一定的色调变化和不同形式的对比，呈现多种风格、多种类型的布局变化。

图2-37 满地型一

图2-38 满地型二

2.3.3 四方连续接版

连续型图案的单元纹样之间相互连接的方法叫作接回头。四方连续不仅可以显示条理与反复的形式美，而且能产生较强的节奏感和韵律感。在提花织物中，四方连续接回头的方式一般分为两种，即平接和跳接。

下面主要介绍二分之一跳接方式。

a. 根据所设计的造型，先确定主花的位置（图 2-39）。

b. 根据主花的位置，确定配花的位置，然后再调整各个花型之间的关系（图 2-40）。

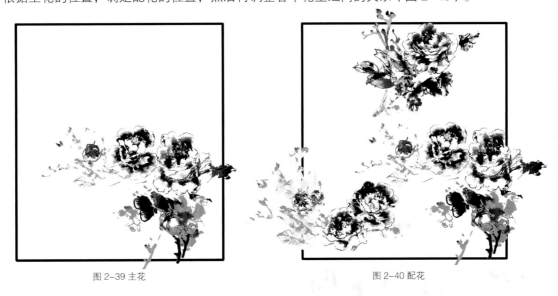

图 2-39 主花　　　　　　　　　　　　　图 2-40 配花

c. 根据该花型的设计决定采用二分之一跳接，即 C1—C 接至 B—D1，D1—D 接至 A—C1。图 2-41 为跳接后的效果。

d. 完成接版后根据整体效果进行拼接，设计师查看有无花路（如横档、直条、斜路），然后再进行调整（图 2-42）。

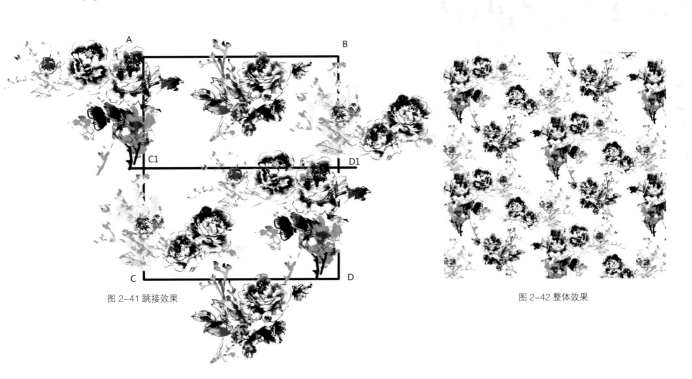

图 2-41 跳接效果　　　　　　　　　　　　图 2-42 整体效果

2.4 项目设计实例

2.4.1 "卷草"服装主题设计

项目要求：

根据达利公司的服装设计任务设定"卷草"为主题的设计

1. 一幅主纹样（主版），完整的四方连续。

2. 横向尺寸：2400 像素（21 厘米）或 4800（42 厘米）。分辨率：287 像素 / 英寸。纵向尺寸一般以 1 米左右为宜。

3. 色块清晰，四个套色。

4. 用 photoshop 软件完成，最终保存为 bmp 格式。

5. 统一制作成 ppt，以小组为单位进行汇报。

（1）灵感源

卷草纹的造型灵活多变，装饰适应性强，适合装饰各种造型的艺术载体（图 2-43、图 2-44）。卷草纹的构成元素题材丰富、造型优美多样，且各有作用，既相辅相成，又缺一不可。卷草纹还有三大内在的文化内涵——吉祥如意的人文内涵、生生不息的宗教文化内涵、与时俱进的设计文化内涵，而且卷草纹的文化内涵应时代要求而发生变化。

图 2-43 灵感源一　　　　　　　　　　　　　　　　图 2-44 灵感源二

（2）原型创作

设计师根据灵感源的特点进行造型设计。卷草缠绵的姿态是最富有特点的，设计师将这一形象进行提炼和概括，绘制成图 2-45 至图 2-48 所示的四个最原始的造型，为下一步的设计奠定良好的基础。

图 2-45 原型创作一　　　　　图 2-46 原型创作二　　　　　图 2-47 原型创作三　　　　　图 2-48 原型创作四

（3）主版纹样设计

这一步是在原型创作的基础上进行组合和补充设计，卷草图案组成圆形，并借用椭圆的造型，为了增加独立图案的丰富性，再加两个人字形的宽带，和卷草形成对比（图2-49、图2-50）。在人字形的宽带上配以细的花纹，增加了纹样的丰富性。

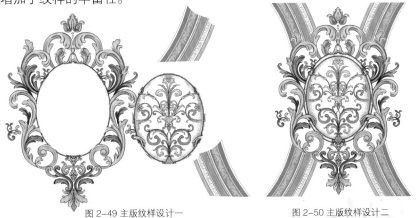

图2-49 主版纹样设计一　　　　　　　　　　图2-50 主版纹样设计二

（4）纹样色彩设计

纹样的色彩设计是纹样设计中比较关键的一步。咖色和蓝色是市场上的流行色，图2-51至图2-53所示设计很好地运用色彩的明度、纯度、对比度，把流行色彩有机地组合在一起，既体现了卷草纹样的婀娜多姿，又没有失去其整体性，是色彩和造型的完美结合。

图2-51 主版纹样色彩设计　　　　图2-52 辅版纹样色彩设计（暖色调）　　　　图2-53 辅版纹样色彩设计（冷色调）

（5）应用设计

根据款式图2-54中的模特造型，其中第二个模特造型比较适合体现以卷草为主题的设计概念。考虑到这个主题纹样的整体性，确定将白色底纹样独立摆放在服装的正前方，裤子配以群青的颜色，和上装的湖蓝主色调形成一个色调，同时又有明暗对比。纹样应用设计的总体效果较佳（图2-55）。

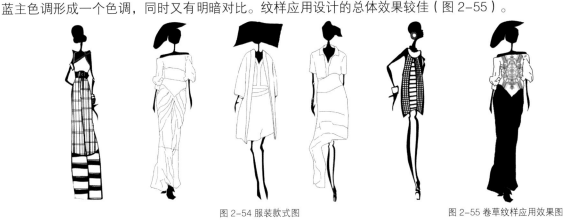

图2-54 服装款式图　　　　　　　　　　图2-55 卷草纹样应用效果图

2.4.2 "非洲印象"服装主题设计

项目要求：

根据达利公司的服装设计任务设定"非洲印象"为主题的设计

1. 一幅主纹样（主版），完整的四方连续。

2. 横向尺寸：2400 像素（21 厘米）或 4800（42 厘米）。分辨率：287 像素 / 英寸。纵向尺寸根据图案设计要求确定。

3. 色块清晰，四个套色。

4. 用 photoshop 软件完成，最终保存为 bmp 格式。

5. 统一制作成 ppt，以小组为单位进行汇报。

（1）灵感源

非洲地区的原始艺术的发展受到图腾崇拜活动的激发，并在图腾崇拜中产生，最有代表性的是几何纹样（图 2-56、图 2-57）。这类纹样也是应用最广的一种题材内容。非洲原始社会的先民们创造的几何纹样，形式变化多样。而这些几何纹样并不是单纯的对实物的模仿，而是一种高度的抽象，是对美好事物的强烈追求的表现。

图 2-56 灵感源一   图 2-57 灵感源二

（2）原型设计

根据非洲人服饰上的一些几何图案，进行整理组合，依据形式美法则将简化的几何图案进行比例分割、合理断开、解构，并重组设计，使其整合后形成更加完美、形式感更强的图案（图 2-58、图 2-59）。

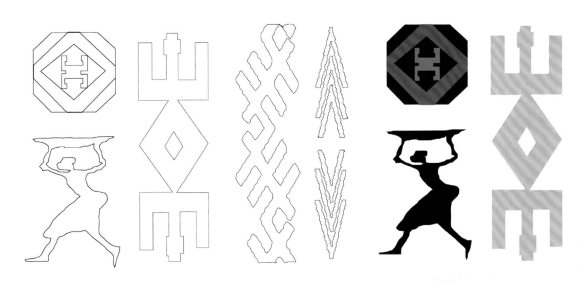

图 2-58 原型设计图一　　　　　　　　　　　　　　　　图 2-59 原型设计图二

（3）连接

　　将原型设计图案通过筛选和组合，根据形式美法则组合成二方连续（图 2-60）。二方连续相对于四方连续要简单一些，但是要设计得别具一个格，也是设计师需要永远推敲的一个主题。

图 2-60 二方连续排列图

（4）配色

　　面料的色彩给人以整体的第一印象，将整合设计的图案进行二方连续的组合配色，以极简练、概况的几种颜色组成色调，以沉稳的红、黄、蓝调为底，辅以同一倾向、简洁明快的黑白点缀色，完成同一色相不同明度变化的色彩配置（图 2-61 至图 2-63）。

图 2-61 主版纹样色彩设计

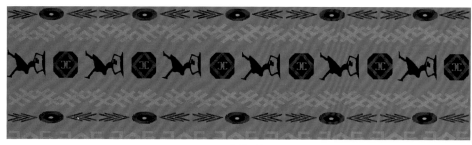

图 2-62 变调设计一

图 2-63 变调设计二

（5）系列设计和应用设计

　　非洲印象服饰系列设计具有明显的文化地域特征，通过色彩、款式、面料的系列设计，营造浪漫主义情调，使服装产生丰富的层次和美感，使得部分与部分、部分与整体之间构成一定的比例关系，形成协调、完美的视觉效果（图 2-64 至图 2-66）。

图 2-64 系列设计一

图 2-65 系列设计二

图 2-66 应用设计效果

项目三　床品面料花型设计

项目描述：

本项目以达利公司的丝绸床品面料设计为任务驱动，在对提花面料进行分析的基础上，收集、整理提花花型设计素材，确定设计主题，对所设计的图案进行四方连续排列，并能用photoshop软件进行设计稿效果表现，培养学生在床品面料花型设计方面的就业能力。

教学目标：

1. 能对灵感源进行原型创作设计；
2. 能对所设计的图案进行层次和结构设计；
3. 能根据所设计的花型特点选择合适的纹样表现手法，进行效果图绘制；
4. 能对纹织物进行变调和应用设计。

3.1 纹样的题材

纹织物的纹样题材主要包括花鸟鱼虫图案纹、山水风景图案、几何图案、民族图案、文字图案和器物造型图案。

3.1.1 花鸟鱼虫题材

此类纹样反映的主要内容为花鸟鱼虫，是纺织物的主题纹样。在传统纹样中，常见的花卉有梅花、兰花、菊花、牡丹花、月季花、海棠花、芙蓉花、荷花等，常见的鸟类有喜鹊、鸳鸯、龙凤、鹤、鸽子等，常见的鱼类有鲤鱼、金鱼、热带鱼等，常见的虫类有蜻蜓、蝴蝶、蜜蜂、螳螂、秋蝉等（图3-1、图3-2）。在具体设计中，都以花卉为主，辅以鸟类、鱼类、昆虫类题材。

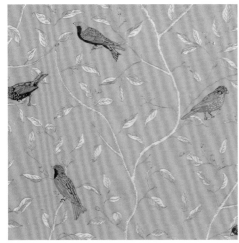

图3-1 花鸟题材

图3-2 花卉题材

3.1.2 山水风景题材

此种纹样的反映内容主要为由山川、湖泊、江河、树木、风雪、云雾、红日、残月和奇山怪石、亭台楼阁、舞蹈人物、仕女、孩童等组成的风景（图3-3、图3-4）。

图3-3 山水题材　　　　　　　　　　　　　　　　　　　图3-4 树木题材

3.1.3 几何题材

此种纹样是将几何中的直线、曲线、弧线以及由这些线条形成的块面组成的象征性图案，或似平面，或似立体，别具特色（图3-5、图3-6）。该种纹样还包括将各种写实纹样经过变化而得到的抽象或印象派图案，是写实纹样的提练、概括、升华和发展。

图3-5 几何题材一　　　　　　　　　　　　　　　　　　图3-6 几何题材二

3.1.4 民族题材

这种纹样有明显的民族特色，内容涉及龙、凤、金石刻、古乐、古器皿、琴、棋、书、画及少数民族特有的题材，如四川的蜀锦、广西壮族的壮锦（图3-7）。

图3-7 民族题材

3.1.5 文字题材

此类纹样一般取自寓意吉祥的文字图案，如福、寿、禄、喜、吉祥、如意等字或词的隶书、甲骨文或以其他形式形成的美术字图案（图3-8）。这些美术字图案与花卉图案或其他图案相间配置，使织物别具一格。

图3-8 文字题材

3.1.6 器物造型题材

此类纹样采用各种生产工具、文娱用品、日用品、交通工具等经过变化而形成。

3.2 纹样的表现手法
3.2.1 常用表现手法

织物纹样的表现手法既指纹样的体裁，也是指绘画的方法，亦可谓画种。常用的表现手法有工笔写实画法、写意画法、版画法、水粉画法等。现将这些表现手法的使用对象简述如下：

（1）工笔写实画法

以经面组织做地纹，并使用纬纱起花，且密度大的织物，其纹样都惯用工笔写实画法（图3-9）。这是纺织图案设计中最常使用的绘图画法。例如织锦缎、古香缎、软缎、织锦台毯、织锦靠垫以及各类织锦的装饰画，都是用工笔写实画来表现织物图案的。采用这种方式表现的图案姿态和形象较为逼真。

图3-9 工笔写实画法示例

（2）写意画法

组织结构简单的织物、单经单纬织物、地纹粗犷的织物，或通过组织变化来形成花纹图案的织物，其纹样多采用写意画法绘制（图3-10）。例如黑白织锦画、提花塔夫绸等织物图案，都可使用写意画法绘制。写意画法表现的造型比较简练、概括，设计者可根据某一题材取其优美的部分加以提炼，并按照设计者的意图进行发挥和表现。

（3）版画画法

单经单纬织物、纬二重纬起花织物，以及最适宜使用线条和块面来表现其图案纹样的织物，常采用版画画法（图3-11）。设计者以写实图案为基础，通过点、线、面三者的变化，对基础图案进行大胆的取舍和变形，以达到简练概括和造型优美的装饰效果。

图 3-10 写意画法示例

图 3-11 版画画法示例

（4）水粉画（油）画法

对于色彩丰富、组织变化多、层次复杂的多经多纬织物，最适宜使用水粉画、油画等画种来绘制织物纹样（图3-12）。例如织锦的装饰画、织锦台布图案和沙发布图案，都采用这种形式的画法。

图 3-12 油画画法示例

3.2.2 提花纹样的常用表现手法

（1）撇丝

撇丝法是用毛笔蘸颜料画出密集而较工整的细线，以表现形象的明暗层次，使形象生动自然（图3-13、图3-14）。撇丝法用笔轻，细线条排列整齐、自然、流畅，下笔粗、收笔细，用笔干净利落，能表达一定的光感、立体感和层次感。撇丝在photoshop中用钢笔工具来完成，表现比较细腻，比较适用于真丝面料。

图3-13 撇丝一　　　　　　　　　　　　　　　　图3-14 撇丝二

（2）塌笔

塌笔亦作拓笔，是指对绘画作品进行上色时，有目的地对物体明暗进行区域划分，在不同区域绘上不同深度的颜色，以表现物体的明暗变化。采用这种方法表现的绘画作品一般都极具立体感（图3-15）。塌笔在photoshop中用钢笔工具来完成，表现形式比撇丝更自由，块面也比较大。

（3）泥点

泥点是指用较小的点的聚散、疏密、群化来表现花卉的明暗、虚实结构和光影空间。泥点在photoshop中用铅笔的笔触来完成，不同的笔触可以表现花卉不同的趣味，规则的泥点感觉严谨、简洁、细腻、精细，随意的笔触则显得生动、自然、活泼。泥点的表现手法能很好地表现出花卉的层次感（图3-16、图3-17）。

图3-15 塌笔　　　　　　　　　　　　　　　　图3-16 泥点一

图3-17 泥点二

撇丝、塌笔、泥点这三种表现手法的比较见图 3-18 至图 3-20。

图 3-18 撇丝

图 3-19 泥点

图 3-20 塌笔

（4）渐变

有些画面中块面比较大，为了增加层次，使其更加丰富，可以运用色彩渐变。这种方法比较简便，但很出效果，有色相、明暗、粗度、互补、冷暖等变化形式（图 3-21、图 3-22）。

图 3-21 渐变一　　　　　　　　　　　　　图 3-22 渐变二

（5）几何纹理填充

将画面中大的块面运用几何纹理进行填充，可丰富画面，给传统图案赋予现代意义。这种方法也很简洁，但效果显著（图 3-23）。

（6）钢笔线条表现

线描是花卉中常用的表现手法。线的形态灵活，有直的、曲的、粗的、细的，有虚有实（图 3-24）。设计者可以利用线条的轻重、刚柔、顿挫等变化来表现花卉的美感及明暗和空间关系。

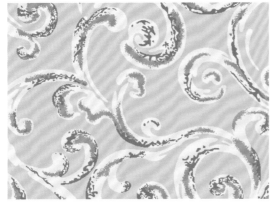
图 3-23 几何填充

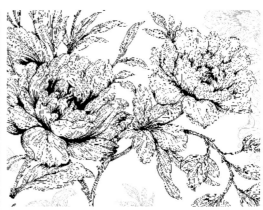
图 3-24 钢笔线条表现

（7）点子表现

以点子组成图形，通过点子的大小、疏密排列来表现出花卉的婀娜多姿（图3-25、图3-26）。

图 3-25 点子表现一　　　　　　　　　　　图 3-26 点子表现二

3.3 纹样的色彩设计

3.3.1 织物图案色彩的提取

（1）借鉴其他艺术作品的色彩的提取配置

图案的色彩可以借鉴绘画、摄影、民间美术、民间工艺等其他类型的艺术作品的颜色搭配。

现代风格的绘画作品及民间工艺品的色彩更具有较高的概括性和装饰性，可以直接仿照，但应注意造型上要有较大区别，以避免画面效果过于相似。

借鉴摄影及写实绘画作品的色彩，要注意归纳、提炼，因为这类作品往往颜色变化较多，过于细腻、微妙，不符合纺织品图案的色彩要求。在借鉴及运用其他类艺术作品的色彩时，同样要注意局部颜色与整体色调的比例关系，颜色的穿插及位置的安排均要仔细推敲，方能恰到好处。

（2）自然色彩的提取配置

大自然中的许多事物本身就有很好的色彩搭配，如花卉昆虫、飞禽走兽、石头草木及海洋生物等，它们美妙的颜色配置是人们的主观无法设想出来的，为织物图案的颜色设计提供了很直观的参照。

在实际应用中，除了要保持颜色的色相、明度及纯度关系相对准确之外，尤其要注意各颜色的面积比例关系和位置关系。这是保持自然色彩原有整体感觉、没有大偏差的重要因素。如果忽视这一因素，将颜色的比例关系搞错，如将某颜色的面积使用过大或过小，或将某种特有的颜色位置关系打乱，就会改变色彩原有的色调，无法达到人们所期望的色彩效果（图3-27至图3-29）。

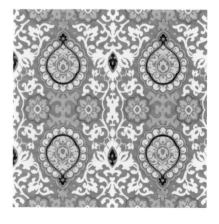

（a）自然界鸟　　　　　　　　　（a）自然界鸟

（b）鸟色彩提取　　　　　　　　（b）鸟色彩提取

图 3-27 自然色彩提取一　　　图 3-28 自然色彩提取二　　　图 3-29 自然色彩纹样设计

3.3.2 织物图案色彩的作用

（1）象征性

不同的色相具有不同的表现特征，并且因其所处的环境不同而有相应的变化。在古今中外的许多艺术作品中，各种色彩除了用于描绘和表现事物，同时还具有丰富的象征意义。色彩的象征意义具有深厚的传统基础，并且因不同文化、不同民族、不同时期而存在很大的差异。

（2）装饰性

色彩在图案设计中的装饰作用举足轻重，通过合理配色可以达到典型、鲜明的艺术效果，充分运用各种色彩的组合关系，可以体现色彩调配的协调性、整体性。

（3）实用性

图案色彩是应用型色彩，它要求符合实用目的，对于纺织品的最终应用有所考虑。色彩的表现力是十分丰富的，由于人们的职业、地位、文化程度、社会阅历、年龄、性别、生活习惯等因素的不同，形成了各自千差万别的审美情趣。不同职业、不同爱好、不同年龄、不同家庭的人，对织物色彩有不同的格调要求。

3.3.3 织物图案色调的确定

（1）基础色调

织物图案色调是指一幅画面总的色彩倾向，能够充满生气、稳健、冷清、温暖等感觉。

在调配一幅图案的颜色之前，首先要对图案的色调有一个总体的构想，确定大的色彩基调，具体的颜色搭配都应与这个基调的构想相符和呼应。颜色的面积比例关系对色调有至关重要的影响（图3-30至图3-32）：

以暖色和纯度高的色为基础色调，给人以火热、刺激的感觉；以冷色和纯度低的色为基础色调，则让人感到清冷、平静。

以明度高的色为主，则亮丽而轻快；以明度低的色为主，则显得比较庄重、肃穆。

取对比的色相和明度，则显得活泼；取类似、同一色系，则稳健。

色相数多，则显得华丽；色相数少，则淡雅、清新。

图3-30 绿色调

图3-31 玫红色调

图3-32 黄色调

（2）图形主色

图形主色是表现主体形象的色彩（图3-33至图3-35）。在花卉图案中，花色就是主色。主色花的色相、数量和所占的部位均不宜过多，这样主色花的形象才会更加明确集中。

主色花不一定面积大，但是色彩要鲜明突出，在色彩感上有很强的注目性，起主导作用，会影响画面的色调。

配色时，为了取得明了的图形效果，必须首先考虑图形主色和基础色调的关系。图形色要和底色有一定的对比度，这样才可以很明确地传达设计师要表现的情感，拟突出的图形色必须让它能够吸引观者的主要注意力。

图案的主色应采用纯度、明度高于陪衬色的色彩，且与整体色调有关的陪衬色相协调，融为一体。

图3-33 图形主色一

图3-34 图形主色二

图 3-35 图形主色三

（3）陪衬色

陪衬色是指衬托主体形象的色彩，如花卉图案中叶子的颜色。主色和陪衬色相辅相成，它们的关系是主从关系，存在色相、明度、纯度、冷暖、面积等对比。处理时，可以有量的变化，以达到主体突出、宾主分明、层次丰富的色彩效果（图 3-36、图 3-37）。

图 3-36 陪衬色一

图 3-37 陪衬色二

（4）点缀色

点缀是面积对比的一种形式，在色彩构成中能起到"画龙点睛"的作用。"点睛"要求点缀色的布局位置恰当、面积恰当。为了弥补调子单调，可以将某个色作为重点，从而使整体配色平衡。在整体的配色关系不明确或有所暧昧时，就需要突出一个重点色来平衡配色关系。

点缀色的形状多为点状或线状，具有醒目、活跃的特点，惜色如金，将最鲜明、最生动的色彩用在最关键的部位。它的规律是纯度高、色相对比强、明度对比强，或暗中透亮，或灰中见鲜，面积大小适宜、位置恰当及配色平衡（图3-38、图3-39）。

图 3-38 点缀色一

图 3-39 点缀色二

3.4 项目设计实例

3.4.1 "彩色玻璃"床品主题设计

项目要求：

根据达利公司的床品设计任务设定"彩色玻璃"为主题的设计

1. 一幅主纹样（主版），完整的四方连续。

2. 横向尺寸：4800像素（42厘米）或9600像素（84厘米）。分辨率：287像素/英寸。纵向尺寸根据需要自行制订，一般与横向相当或比横向略长。

3. 色块清晰，四个套色。

4. 用 photoshop 软件完成，最终保存为 bmp 格式。

5. 统一制作成 ppt 文件，以小组为单位进行汇报。

（1）确定主题，收集灵感源

和其他艺术创作一样，立意是否巧妙、新颖，也是家纺设计重要的组成部分。田园、青花瓷、古韵、盘旋而上等美丽动听而充满诗情画意的情调、意境，都可以成为人们设计的主题。

"彩色玻璃"是围绕卧室床品设计的家纺系列产品。"彩色玻璃"的主要灵感源于中世纪教堂彩色玻璃的概念。古希腊毕达哥拉斯认为"一切主体图案中最美的是球体，一切平面图形中最美的是圆形"。此床品设计图案以圆形为基础，融入生活中常见的几何形态，表达在现代快节奏生活状态中人们对简约时尚的追求，并通过纺织品营造出一种现代、时尚的空间氛围。

利用互联网、图书管资料，收集自己所需要的素材，图3-40至图3-42都是和该设计主题有关的资料，即灵感源。

图 3-40 灵感源一

图 3-41 灵感源二

图 3-42 灵感源三

（2）对所收集的素材进行原型创作

"彩色玻璃"纹样造型上运用现代元素，以圆为基础，对图案进行变化，并结合现代几何块面，进行纹样的综合表现。纹样表现上彰显了大胆、现代、创新、时尚的艺术特点（图3-43）。

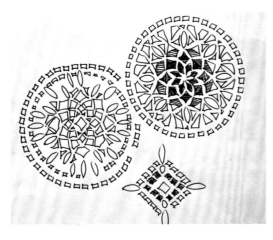

图 3-43 原型创作手绘稿

（3）层次和布局设计

"彩色玻璃"纹样在艺术表现中，规则块面的造型独具魅力。块面在这里转化为一种特定的符号，它可以组成一朵花，也可以转化成规律的几何形态，把人们的视线牢固定格于画面。构图采用1/2跳接，层次分明，视觉效果舒畅（图3-44、图3-45）。

图 3-44 排版设计步骤一

图 3-45 排版设计步骤二

（4）设计稿效果绘制

步骤一：了解达利公司的生产工艺要求，确定单元花稿尺寸（图3–46）。

步骤二：根据纹样的特点选择合适的表现手法，务必在抠图之前确定纹样尺寸或像素，用photoshop软件进行抠图，否则纹样会糊掉（图3–47至图3–51）。

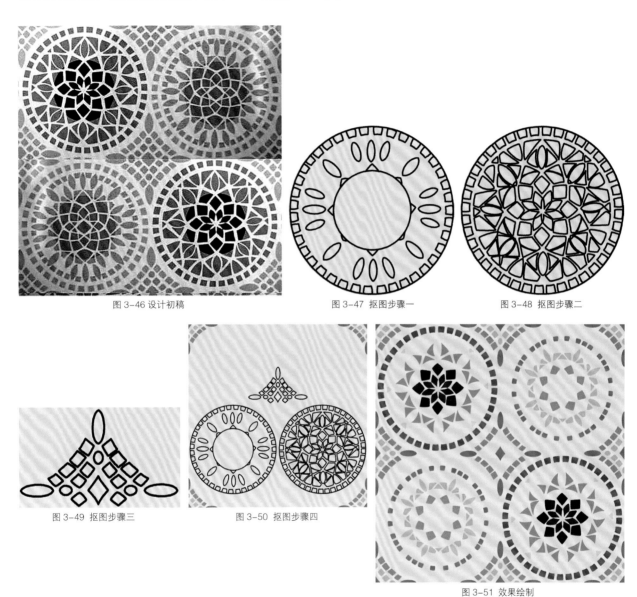

图3–46 设计初稿　　　　　　　　　　图3–47 抠图步骤一　　　　　图3–48 抠图步骤二

图3–49 抠图步骤三　　　　图3–50 抠图步骤四

图3–51 效果绘制

（5）色彩设计

① 对当前的流行色彩进行分析，色彩设计采用暖色为主，通过色彩之间的微妙变化来呈现一种温馨、和谐的感觉。加上少许绿色的点缀，使整个作品色彩节奏明快、活泼生动（图3–52、图3–53）。

② 一花多色的配色方案。一花多色的配色即将同一图案配以不同的色调组合，可以在纹样结构和生产工艺不变的情况下，提供多种可选择的花色。

色调变化即变调和色调的转换，是图案设计中常用的系列设计重要手法。变调的形式一般有定型变调、定色变调、定型定色变调。

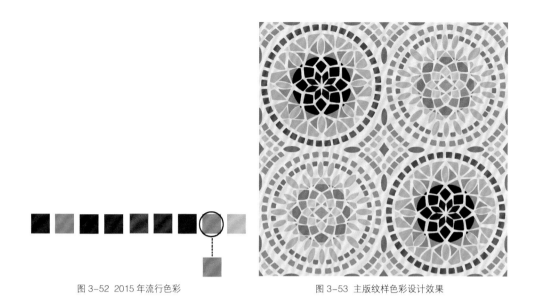

图 3-52 2015 年流行色彩   图 3-53 主版纹样色彩设计效果

a. 定型变调。定型变调实质上是在保持图案造型不变的前提下，改变色彩的倾向的系列设计重要方法。图 3-54、图 3-55 是在原有色彩的基础上，明度保持不变，通过改变色彩的冷暖倾向来提高色彩的纯度。

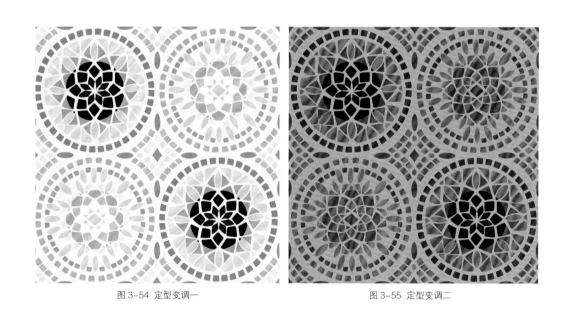

图 3-54 定型变调一   图 3-55 定型变调二

b. 定色变调。定色变调是在花型和色彩都相同的情况下，变化花型的大小、布局、位置来进行适当变化的系列设计的方法。图 3-56 是在不改变色彩的情况下，采用框架结构不变的形式，改变了中心花型的大小和秩序来进行定色变调的设计。

c. 定型定色变调。定型定色变调是在花型和色彩都相同的情况下，改变色彩的面积比例，从而改变色调的设计方法。如选取 6 种颜色进行组合搭配，图 3-57 所示是将原来浅色的底色换成棕色的结果，降低了整个色彩的明度，把原来明度较高的底色放在小面积的花型的边框上，改变了整个图案的色彩。

图 3-56 定色变调设计　　　　　图 3-57 定型定色变调设计

（6）配套设计

确定设计主题后，为了营造室内纺织品设计的整体效果，还需要进行配版设计。配版的设计既要和设计主题相呼应，也要有所变化。这对活跃室内气氛、增添艺术情趣起到了很好的作用。

在配版设计中，主要考虑形体和色彩与主题设计的协调性（图3-58至图3-60）。古典风格的造型设计，形象一般较严谨、细腻，色彩相应地以沉着、典雅为主。现代题材的风格则为造型、图案奔放粗犷，色彩以鲜明、强烈为主。

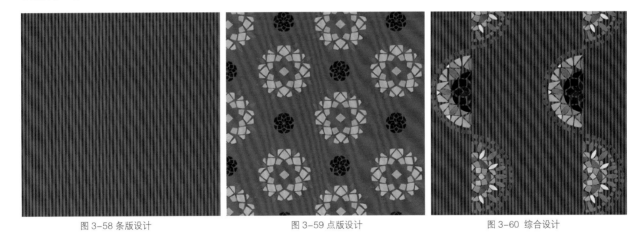

图 3-58 条版设计　　　　　图 3-59 点版设计　　　　　图 3-60 综合设计

（7）应用设计

a. 场景设计与选择。设计者先确定主题，然后按照主题构思、创造图案、纹样、色彩、材料，一切围绕主题开展工作，最后成稿、成品。家纺提花设计图案题材广、画面大、技法多，这无疑对设计师的艺术修养和文化底蕴提出了很高的要求，不仅应该熟悉或了解古今中外的各种艺术及设计风格、流派，还要借鉴国内外各民族及民间艺术的传统精华，更要掌握不同消费阶层的不同的不断的需求动态。

在设计主题的引导下，设计师根据主版花型的造型特点和色彩特点选择合适的场景，图3-61所示为四个场景图片。这一设计主题是发散的圆，造型特点是以几何图形组合而成，属于简约风格。在色调上，以暖色为基调，粉红色和橘红色为中调。根据造型和色彩的特点，选择图中第三个场景，以暖色调为主，加上简欧风格的床和图案的造型，形成对比，使床品设计显得简约而不简单。

图 3-61 场景图

b. 对选定场景进行抠图设计。在选定场景和完成主版、配版设计后，利用 photoshop 软件对需要放置床品的位置进行抠图，要注意各个形状交代清楚，阴影部分和形体交接处也要交代清楚（图 3-62）。

图 3-62 区域划分

c.补充陪衬协调设计（图3-63至图3-69）。

步骤一：选定场景后，确定该配套设计为暖色系。对主纹样进行应用设计，主版纹样和场景比较和谐。

步骤二：把设计好的配版纹样进行铺设，并做色彩调整。设计的点版和条版纹样也基本能符合场景需要。

步骤三：对整体环境中缺少的颜色进行设计，在暖调设计中加上土红、土绿和肉色，使得整个场景比较和谐。

步骤四：在设计好的场景中配上设计的主版纹样和配版纹样，然后对整个场景进行调整，对没有设计的块面进行配色，并对局部不和谐的色彩进行修正。

图3-63 主版和配版纹样效果设计

图3-64 配版纹样效果设计

图3-65 色彩的整体设计

图3-66 色彩的调整

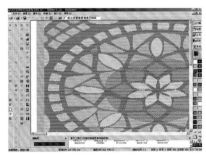

图3-67 纹织CAD实物模拟图

图3-68 面料实物正面

图3-69 面料实物反面

3.4.2 "雀语呈祥"床品主题设计

项目要求：

根据达利公司的床品设计任务设定"雀语呈祥"为主题的设计

1. 一幅主纹样（主版），完整的四方连续。

2. 横向尺寸：4800像素（42厘米）或9600像素（84厘米）。分辨率：287像素/英寸。纵向尺寸根据需要自己制订，一般与横向相当或比横向略长。

3. 色块清晰，四个套色。

4. 用photoshop软件完成，最终保存为bmp格式。

5. 统一制作成ppt，以小组为单位进行汇报。

（1）确定主题，收集灵感源

"雀语呈祥"是围绕卧室床品系列设计的家纺产品，主要灵感源于各种优美的曲线型图案和孔雀羽毛的花纹图案（图3-70至图3-72）。将各个方向扩散的曲线组合在一起，就会产生一种律动之美，不同的组合有不同的韵味。此纺织品设计的主题图案是生活中常见的曲线形态，再结合孔雀羽毛的特征。这种曲线形设计给人一种律动、柔美的感觉，颜色也采用大自然色，从而带给人更多的清新、自然、悠闲的感觉。

图3-70 灵感源一

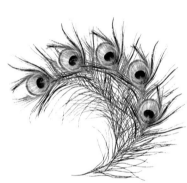
图3-71 灵感源二

图3-72 灵感源三

（2）对所收集素材进行原型创作

"雀语呈祥"在纹样造型上运用现代元素，把羽毛的元素加以提炼、概括，以曲线为基础对图案进行变化，并结合点、线，进行纹样的综合表现（图3-73至图3-76）。

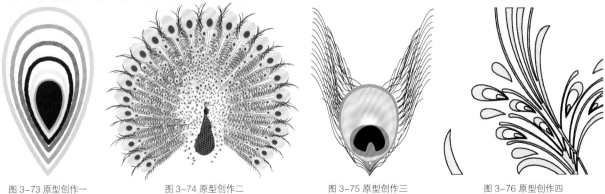

图3-73 原型创作一　　　　图3-74 原型创作二　　　　图3-75 原型创作三　　　　图3-76 原型创作四

（3）层次和布局设计

"雀语呈祥"在纹样艺术表现中，弯曲的线条造型更加独具魅力。在线条之间加入水滴形的图案，便组成类似孔雀羽毛纹样的图案，把人的视线牢固定格在画面，也可以给人带来一种好似看到一群美丽的孔雀正在开屏的美丽景观。构图采用二分之一跳接，层次分明，视觉效果舒畅（图3-77）。

（4）设计稿效果绘制

"雀语呈祥"设计稿，主要通过点、线、面的穿插来表现设计感（图3-78）。在手法上，主要运用抠图和填色两种技法。在构图之前，确定纹样尺寸宽度4800像素，长度则根据比例自定，分辨率为287像素/英寸。抠图是提花设计人员需要熟练掌握的一项技能。学习者可以边抠图边填色，以便检查纹样造型是否优美。

(a) 步骤一

(b) 步骤二

(c) 步骤三
图3-77 层次和布局设计

图3-78 设计稿效果图

（5）色彩设计

色彩设计上，采用冷色为主，通过色彩之间的微妙变化来呈现一种清爽的感觉。加上少许红色的点缀，使整个作品色彩节奏明快、活泼生动。图3-80至图3-82是主版纹样（图3-79）的变调设计，分别为蓝调、黄调、紫调。色彩之间既协调又有对比，使主版纹样设计更加丰富。

图 3-79 主版纹样　　　　　　　　　　图 3-80 色彩设计一

图 3-81 色彩设计二　　　　　　　　　图 3-82 色彩设计三

（6）整体设计

　　根据"雀语呈祥"这一主题床品设计的原型创作图稿，设计了几款以点为元素的配版，作为抱枕的图案（图3-83至图3-89）。孔雀从古至今一直是美丽的象征，它的羽毛和尾巴本身就富有美感。图3-85是把孔雀羽毛的元素围成圆形的圈，再进行大小的排列。图3-86是对配版的变色设计。图3-87是以羽毛组设计的抱枕图案，为烘托家纺用品整体设计起到了关键性的作用。

图 3-83 配版设计一　　　　　　　　　图 3-84 配版设计二

图 3-85 配版设计三

图 3-86 配版设计四

图 3-87 配版设计五

图 3-88 配版设计六

图 3-89 配版设计七

（7）应用设计

图 3-90 至图 3-92 为抱枕设计应用图例。图 3-93 为主版纹样的铺设效果，淡绿非常优雅，红色的羽毛斑点配上蓝色的的床单，色彩非常和谐。

室内纺织品配套设计，根据装饰及实用功能的要求，选用不同的材料和制作工艺，设计和制成布艺制品，在造型和色彩上达到和谐、舒适。

图 3-90 应用设计一

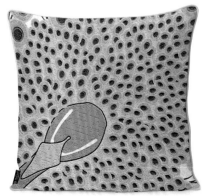

图 3-91 应用设计二

图 3-92 应用设计三

图 3-93 主版纹样效果设计

　　色彩是人们进入居室最直观的第一印象，也是最深刻的印象，所以装饰色调要有明确的调性，和室内的其他空间装饰相呼应（图 3-94）。在设计色调的同时，要把色彩的功能发挥到极致，如：卧室宜用的浅色调；古典的大堂则可以用比较凝重的颜色；儿童房间多用纯色，给人以轻松活泼的感觉。

图 3-94 整体效果图

（8）面料实物效果

图 3-95 至图 3-96 所示为该床品系列的面料实物效果。

图 3-95 实物模拟正面

图 3-96 实物模拟反面

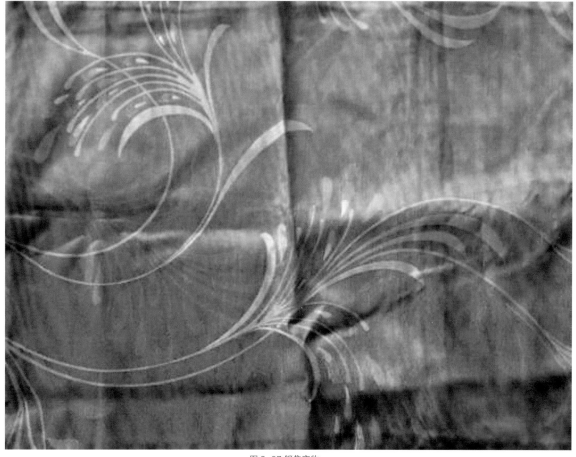

图 3-97 销售实物

3.4.3 "点的舞蹈"床品主题设计

项目要求：

根据达利公司的床品设计任务设定"点的舞蹈"为主题的设计

1. 一幅主纹样（主版），完整的四方连续。

2. 横向尺寸：4800 像素（42 厘米）或 9600 像素（84 厘米）。分辨率：287 像素/英寸。纵向尺寸根据需要制订，一般与横向相当或比横向略长。

3. 色块清晰，采用四个套色。

4. 用 photoshop 软件完成，最终保存为 bmp 格式。

5. 统一制作成 ppt，以小组为单位进行汇报。

（1）确定主题，收集灵感源

"点的舞蹈"是欧式风格的设计作品，主要灵感源自点状化的线条，线条由点组成，错落有致，近看是圆点，远看是线条，非常优美、生动。另一个启发是吊灯。欧式家居装修时，吊灯是必不可少的，不仅可以营造艺术气息，而且显得典雅高贵有气质。而点与吊灯在设计中相碰撞，则是整体与灵动的结合，从而给人们带来不一样的感受与体验。"点的舞蹈"将生活的点滴融入设计中，并通过纺织品表现出来，可以让人们感到舒适与温馨。

所需素材可来源于互联网和生活中的摄影作品。图 3-98 和图 3-99 都是与该主题有关的资料，即灵感源。

图 3-98 灵感源一

图 3-99 灵感源二

（2）对所收集素材进行原型创作

"点的舞蹈"在纹样造型上以简约和复杂相结合，以曲线为基础，对图案进行变化，并结合点、线，进行整体创作。构图采用平接方式，简单明了，视觉效果舒畅。

"点的舞蹈"在纹样表现上，主纹样模仿吊灯的型，更贴近生活，给人亲切感。吊灯是卷曲的纹样，仿佛翩翩起舞的少女，加上点、线的衬托，更凸显了整个纹样的灵动美，而且吊灯里面的点与外部的点相辅相成（图 3-100 至图 3-102）。

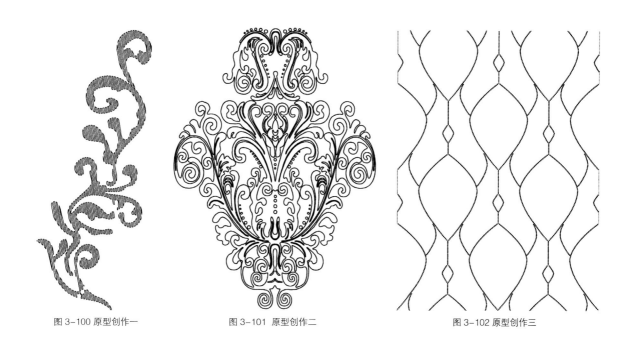

图 3-100 原型创作一　　　　　图 3-101 原型创作二　　　　　图 3-102 原型创作三

（3）层次和布局设计

　　本主题设计的创新点在于变形后的吊灯，线条优美流畅、丰富多彩，给人一种视觉冲击力；再加上由点组成的线条贯穿其中，营造了一种和谐的氛围，给人以整体感，淋漓尽致地体现了欧式纹样的典雅大方（图3-100、图3-104）。两者结合，凸显了人们简约而不简单的生活态度。

图 3-103 排列设计　　　　　　　　　图 3-104 层次设计

（4）设计稿效果绘制与色彩设计

　　色彩设计上，采用暖色为主，通过色彩之间的微妙变化来表现一种融合的感觉，加上少许紫色的点缀，使主版纹样色彩节奏明快、活泼生动、冷暖结合，更具特色（图3-105）。图3-106和图3-107分别采用底图互换的设计理念，将色彩设计推到一个新的起点。

图 3-105 主版纹样设计

图 3-106 变调设计一

图 3-107 变调设计二

（5）配版与应用设计

　　床品包括床单、被套、枕套、抱枕等配套产品，在设计单件产品的图案构成时，需兼顾整套床品的设计风格，使局部的单件设计与整体呼应，使之成为变化有序的配套形式。主版纹样最能形成主题创意的风格，配版纹样的设计即与主版纹样配套，两版之间可运用某一装饰元素的呼应关系。另外，枕套、抱枕之类的配版设计一般与主版纹样形成紧密、稀疏或明暗的构成对比，各版间的图案色彩具有相似的设计元素（图3-108 至图 3-112 ）。

图 3-108 配版设计一

图 3-109 配版设计二

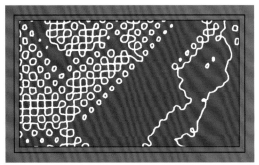
图 3-110 配版设计三

图 3-111 主版纹样设计效果

图 3-112 配版纹样设计效果

根据整体设计效果的需要，改变了蓝色抱枕的色彩倾向。该套床品设计营造了欧式家居氛围，让人在休息的同时感受到高贵典雅、温馨舒适的气氛，从而达到缓解压力、放松身心的效果（图3-113至图3-116）。

图 3-113 整体设计

图 3-114 调整

图 3-115 实物模拟正面

图 3-116 实物模拟反面

项目四　窗帘面料花型设计

项目描述：

本项目以窗帘面料花型设计为任务驱动，在掌握床品花型设计的基础上，学习窗帘纹样的设计特点，掌握并巩固四方连续纹样的排列方法，促进学生在花型设计方面的就业能力。

能力目标：

1. 掌握色织提花窗帘的设计要求；
2. 能根据窗帘主板纹样进行配板和色彩设计；
3. 能根据室内场景的需要进行窗帘的运用设计。

4.1 窗帘设计要求

4.1.1 窗帘概述

室内织物具有柔软、触感舒适的特性，在室内覆盖的面积比较大，对室内的气氛、格调、意境都有很大的影响。窗帘是室内纺织品中重要的组成部分，在室内环境中起营造格调的作用。窗帘的形态、色彩和表面肌理不同，会带给消费者不同的心理反应。窗帘设计力求达到主次、动静、虚实、疏密、聚散等多种变化整体和谐的效果。

窗帘主要通过彩色纱线上下交叉来形成不同色彩的底坯和花型（图4-1至图4-3）。此类面料不仅提花效果显著，而且色彩丰富柔和，是纺织品中的高档产品。这种产品的色牢度非常高，不会像普通印花产品那样轻易褪色。很多色织面料可以双面使用，用作低楼层居室的窗帘不会影响室外的视觉效果。窗帘面料的设计越来越趋于多元化，提花组织的应用、多种纤维的交织，已成为当今品种开发的新途径，同时也导致生产工艺不断地调整变化。

图 4-1 窗帘一

图 4-2 窗帘二

图 4-3 窗帘三

4.1.2 窗帘的配色要求

主色调是整体空间设计中色彩运用所形成的主要倾向。在主色调的统率下，基于造型系列化及装饰面积的需要，配套成几个系列的类似色与对比色的不同组合，使各类纺织品色彩在色相、明度、纯度上变化、反复和呼应，形成强弱、起伏、层次、轻重等空间韵律，最终在空间混合中达到统一。

布料的配色也可能五花八门。选择不同的配色，对产品的设计风格会产生很大的影响（图4-4、图4-5）。

（1）窗帘的主色调应与室内主色调相适应。补色或近色都是允许的，但极端的冷暖对比是大忌。

（2）现代设计风格可选择素色窗帘，优雅设计风格可选择浅色花纹窗帘，田园设计风格可选择小花纹窗帘，豪华设计风格则可以选用素色或大花纹窗帘。

（3）选择条纹窗帘时，其条纹方向应与室内风格相配合。

图4-4 窗帘配色一

图4-5 窗帘配色二

4.2 织物纹样与室内空间

现代家纺设计，除了色彩把握外，另一重要审美因素便是纹样。在织物装饰图案上，要注意和室内空间尺度协调，应当有恰当的图案构成比例。如室内空间不大，织物纹样也不宜过大，否则会使空间堵塞、压抑，因此在较小的居室环境中不宜采用大花饰。织物纹样风格和款式要和室内格调相协调。比如现代格调的居室环境，更适合配以抽象图案。简单的式样具有现代感，而复杂的式样和传统的图案配合古典家具，更能显示出华丽、典雅的气派。此外，还需注意织物的质地、肌理与居室环境的协调。织物的艺术感染力也来自其自身的质感与纹理，采用不同原料制作的纺织品，有的粗糙，有的细腻，有的丰厚，有的柔软，可营造不同风格的环境气氛。

室内织物的材质和工艺手段丰富多彩，用途也比较广泛，为此室内织物的选择与设计必须有整体观念，关键在于搭配（图4-6至图4-7）。选用恰当，即使是粗布乱麻，也能使室内生辉。若选用不当，即使是绫罗绸缎，也不能为室内增光添彩。

图4-6 空间实景图一

图4-7 空间实景图二

4.3 窗帘的功能

窗帘的功能之一是调节光线、温度、声音和视线。装饰性也是它及其重要的功能。窗帘产品最先引起人们注意的是它的颜色和图案，图案的变化出新是家纺产品出彩的重点。设计师通过选择不同的题材、造型手段、色彩处理方式及表现技巧，使图案纹样达到消费者的审美标准。窗帘的艺术品味直接影响着室内陈设和家具造型艺术的整体呈现。它的质地和色彩既要和墙面、地面相协调，又要和家具的风格相协调（图4-8 至图4-10）。

图4-8 窗帘实物

图4-9 2014 年上海家纺博览会窗帘展示一（学生设计）

图4-10 2014 年上海家纺博览会窗帘展示二（学生设计作品）

4.4 项目设计实例

4.4.1 "古典与现代碰撞"窗帘主题设计

项目要求：

根据达利公司的窗帘设计任务设定"古典与现代碰撞"为主题的设计

1. 一幅主纹样（主版），完整的四方连续。

2. 横向尺寸：2400 像素（21 厘米）或 4800（42 厘米）或 9600（84 厘米）。分辨率：287 像素 / 英寸。纵向尺寸一般采用织物门幅，为 2.8~3 米。

3. 色块清晰，四个套色。

4. 用 photoshop 软件完成，最终保存为 bmp 格式。

5. 统一制作成 ppt，以小组为单位进行汇报。

（1）灵感源

宝相花是唐代最有民族特点的装饰纹样，又称宝仙花、宝花花。它以象征富贵的牡丹、象征纯洁的荷花、象征坚贞的菊花为主题，又常在花蕊部位装饰些小圆圈，象征珠宝，在花朵边沿附加小花、小叶，象征丰满繁盛，还有多种样式，如正视形、侧视形、俯视形（图 4-11、图 4-12）。此种纹样在装饰工艺和佛教艺术中广为采用，深受波斯和东罗马帝国艺术的影响。

图 4-11 灵感源一　　　　　　　　　　　　　　图 4-12 灵感源二

（2）原型创作

　　根据宝相花的形状特点，以线的方式创作多叶片的宝相花，并在叶片中加入细节，以丰富层次，花卉中心保持宝相花的造型特质，以叶瓣来烘托桃形宝相花的花心。根据主花的造型特点设计缠绵的叶子，在叶子中间设计叶脉，与主花风格保持一致（图4-13、图4-14）。

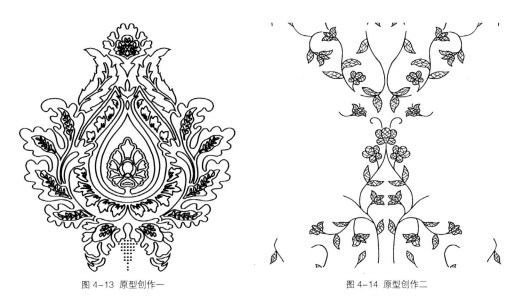

图4-13　原型创作一　　　　　　　　　　　　　　图4-14　原型创作二

（3）组合设计

　　对原型设计进行结构和布局设计，使宝相花的主花和叶子相互呼应、错落有致，采用跳接的连接方式来活跃画面，为了丰富层次，再加入一个底纹，线描的实在形体的表现与肌理的底纹形成虚实对比（图4-15、图4-16）。

图4-15　组合设计一　　　　　　　　　　　　图4-16　组合设计二

（4）纹样设计

古典式图案多采用传统装饰图案进行创作，质感厚重朴实，意趣深远，沉稳老道。宝相花纹样的变形设计充分地表达设计意图，花型变形较为规整，线条清晰、轮廓分明、均衡持重（图4-17、图4-18）。

图4-17 纹样设计一 　　　　　　　　　　　　　　　　图4-18 纹样设计二

（5）配版设计及应用设计

采用富有节奏感的线条进行辅助设计，与宝相花的曲线线条形成鲜明对比，色彩鲜明活泼，恰当地点缀整体色调，简洁明了、相互协调，更加彰显居室空间的安静宁和（图4-19、图4-20）。

图4-19 配版设计 　　　　　　　　　　　　　　　　图4-20 纹样模拟效果

4.4.2 窗帘设计图例赏析

（1）年年有余

采用传统文化中的鲤鱼图案进行创作，突出年年有余的吉祥寓意，风格轻巧、天真、拙朴，辅以轻松柔美的曲线来表现波浪，恰当合理的配色使整个纹样设计显得十分雅致，呈现一片祥和景象（图4-21至图4-23）。

图4-21 主版纹样设计

图4-22 配版纹样设计

图4-23 纹样应用效果

（2）红粉佳人

纹样布局设计层次丰富、条理清晰，图案造型饱满、富有韵味。采用退晕的配色方法，缓解对比色直接对比的强度，使之自然调和，从而获得艳丽而柔和的效果，整体色调赏析悦目、不落俗套（图4-24至图4-29）。

图4-24 素材图

图4-25 层次布局设计

图4-26 色彩设计一

图4-27 色彩设计二

图4-28 应用设计

图4-29 延展设计

（3）玫瑰色

在色彩搭配上，要考虑不同年龄阶段的人对色彩的不同要求。玫瑰色的色彩感染力是相当大的，比较适合青年人，让人感觉到时代的气息与生活节奏的快捷。配色同样使用高明度的黄、紫互补色，色彩轮廓清晰、引人瞩目、高贵冷艳，使整个居室空间富有生命力，令人着迷（图4-30、图4-31）。

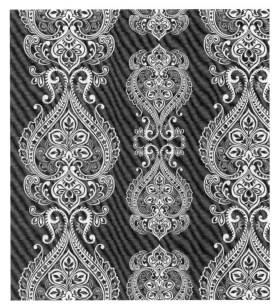

图4-30 纹样设计稿

图4-31 应用设计

项目五　抱枕花型设计

项目描述：

本项目以抱枕纹样设计为任务驱动，在熟悉提花花型设计的基础上了解家居文化的相关知识，掌握抱枕纹样的类型和特点，能根据家纺用品的设计风格进行抱枕纹样设计，丰富家纺产品的整体性。

能力目标：

1. 能根据室内场景确定抱枕纹样素材；

2. 掌握装饰纹样的构图特点；

3. 能根据纹样的特点进行组合运用设计。

5.1 抱枕概述

抱枕是构成室内环境的物品之一，它与沙发布、床垫、床罩、窗帘、桌布等物品组成居室的软环境，使得人们在居住空间的硬环境中维持生理和心理上的平衡。从视觉上看，它能冲淡人们对家具等硬的物件的刚硬感觉，达到相柔相济的视觉效果（图5-1）。

图 5-1 抱枕设计组合一

　　抱枕由织物缝制，并装有填充物，用作休息时起支撑或缓冲作用的物品，是现代居室内比不可少的装饰品。抱枕挪动灵活，可以对室内色彩、质感起到很好的调节作用，展示着主人别样的风情与品位，为现代家居装饰锦上添花。在个性时代的今天，抱枕再也不是中规中矩的四角形模样，色彩上、造型上都有了很多创意。

　　老桑树很古老，常常一言不发。但是它的叶子不仅会说话，还会把日光筛成金线，把月光摇成银霜。"千年古桑"主题设计就是以古桑树纹理及古贝壳化石为元素设计了一系列抱枕，并结合新的生产工艺与缝制工艺，营造了典雅、淳朴、低调的古典气息。该抱枕系列产品为达利公司所采用，产品投入市场，受到了客户的好评。图 5-2 所示为该抱枕系列在达利公司的丝绸世界的展示实景。

图 5-2 抱枕设计组合二

5.2 格律体构图特点

　　格律体构图是指以九宫格、米字格或两种格子相结合而作为骨式基础的构图，既具有结构严谨、和谐稳定的程式化特征，又具有骨式变化多样、不拘一格的情趣。

　　（1）对称式（图 5-3）

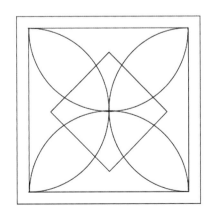 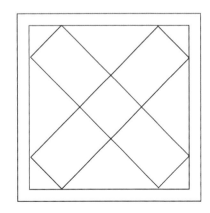 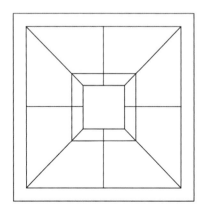

（a）刚柔相间对称

（b）直线交叉对称

（c）米形放射对称

图5-3 对称式

（2）放射式（图5-4）

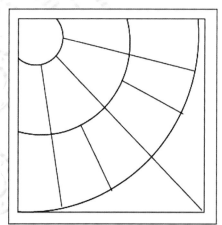

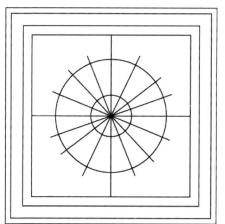

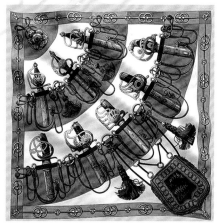
（a）聚角放射

（b）聚心放射

图5-4 放射式

（3）方圆式（图5-5）

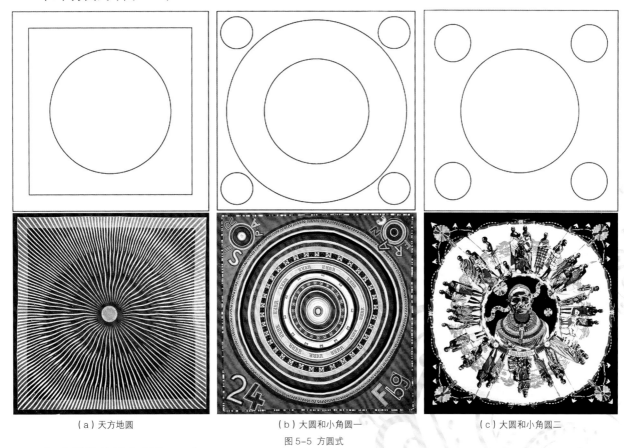

（a）天方地圆　　　　　　　　　（b）大圆和小角圆一　　　　　　　（c）大圆和小角圆二

图5-5　方圆式

（4）旋转放射式（图5-6）

（a）螺旋放射形一　　　　　　　（b）螺旋放射形二　　　　　　　（c）螺旋放射形三

图5-6　旋转放射式

5.3 色彩与图案

5.3.1 色彩的混合与借色

色彩的美感是纺织品不可缺少的组成部分，相同的面料、相同的图案，由于配色不同，会呈现截然不同的效果，给人以华丽、古朴、典雅、浪漫等不同感觉（图5-7、图5-8）。但是在纺织品配色过程中，由于受到成本和生产工艺的限制，往往要达到少套多色的配色效果，因此往往会运用以下两种方式进行表达：

（1）叠色。叠色又称覆色，是指印花过程中将一种颜色叠放在另外一种颜色上，从而产生第三种颜色的配色方法。

（2）借色。借色是指在织花过程中运用不同的组织结构，采用并列、穿插、勾勒花型轮廓的手法，通过色彩对比和空间混合来丰富色彩的方法。如织锦缎、古香缎的织花图案设计，采用一经三纬的重纬组织，甲、乙、丙纬除了起花，还可以相互包边，使绸面色彩更加丰富。

图5-7 色彩丰富的冷色调抱枕

图5-8 格律体抱枕设计

5.3.2 抱枕的色彩与图案

单个抱枕的色彩和图案变化自由，但是在空间中和其他物品配套时要考虑整体效果。抱枕的体积较小，在色彩与图案的选择上，往往要与大面积的沙发或地毯、窗帘等织物形成一定的对比关系。如图案花哨的沙发配素雅的抱枕，素雅的沙发则配花纹明显的抱枕，灰色沙发则可采用色彩较鲜艳的抱枕（图5-9）。

图5-9 抱枕组合

5.4 项目设计实例

项目要求：

根据达利公司的抱枕设计任务设定"埃及"为主题的设计

1. 一幅主纹样。

2. 横向尺寸：2400像素（21厘米）或4800（42厘米）。分辨率：287像素/英寸。尺寸一般控制在50厘米x50厘米、60厘米x60厘米。

3. 色块清晰，四个套色。

4. 用photoshop软件完成，最终保存为bmp格式。

5. 统一制作成ppt，以小组为单位进行汇报。

5.4.1 埃及系列一

（1）灵感源

当人们观赏和研究古埃及的壁画时，似乎可以看到几千年前古埃及奇妙的且富有生气的生活情景。

浮雕和壁画是埃及陵墓装饰中不可缺少的组成部分，室内壁画写实和变形装饰相结合，象形文字和图像并用，人物表现具有装饰的趣味性（图5-10至图5-12）。这些都深深吸引着设计师们进行探索，由此进行以埃及为主题的抱枕系列设计。

图5-10 埃及壁画一　　　　　　图5-11 埃及壁画二　　　　　　图5-12 埃及壁画三

（2）原型设计

根据分析，埃及的浮雕、壁画等有着共同的程式。如正面律，即表现为人物为正侧面、眼为正面、肩为正面、腰部以下为正侧面；用水平线划分画面，根据人物尊卑，安排比例大小和构图位置等。本系列选用埃及壁画中常见的陶罐造型，大小不一、造型丰富，并赋予古埃及艺术中的典型元素，进行原型设计的创作（图5-13）。

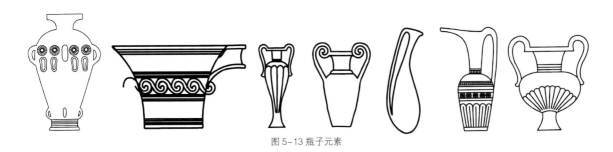

图5-13 瓶子元素

（3）组合设计

根据格律体的构图特征，将上述瓶子元素按照形式美法则进行排列，在方形中求变化，使其疏密得当、构图严谨，和谐稳定中不乏活泼与情趣（图5-14）。

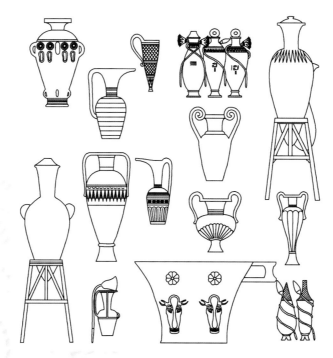

图5-14 组合设计

（4）色彩设计

埃及壁画中的人物喜用填充法，画面充实、不留空白，一般都有固定的色彩程式，男子皮肤多为褐色，女子皮肤多为浅褐色或淡黄色，头发为蓝色，眼圈为黑色。本系列选用淡黄色、浅褐色、褐色、白色、黑色等颜色，符合古埃及神秘的色彩特征（图5-15至图5-17）。

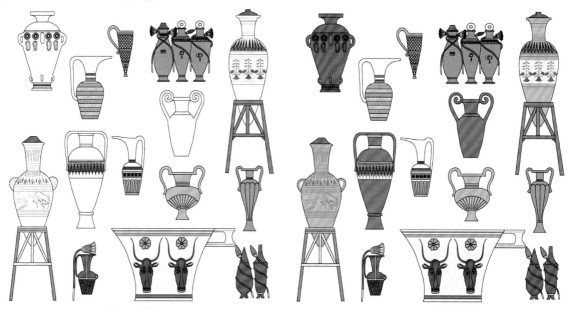

图5-15 填色一　　　　　　　　　　　　　　　　　　图5-16 填色二

图 5-17 填色三

上述抱枕图案在构图和色彩上缺少浓重的颜色，因此比较平淡，整体效果欠佳。故而对设计初稿进行调整，添加几何形的彩色外框，使色彩和形体上都形成对比，设计效果佳。

（5）应用设计

暖黄色墙面和白色沙发的场景适合该主题设计的展示。该系列抱枕色彩以土红色和黄色为基调，配有彩色的边，色彩和造型上都比较丰富，为了衬托其丰富的色彩，另行设计了咖色抱枕与其组合（图 5-18、图 5-19）。

图 5-18 调整设计初稿

图 5-19 应用设计

5.4.2 埃及系列二

（1）原型设计

选取埃及壁画及雕塑中的植物形象，将强壮而富有气势的造型分解开，提取典型元素，并逐步完善。此原型设计的线条柔和、舒展，富有节奏感（图5-20）。

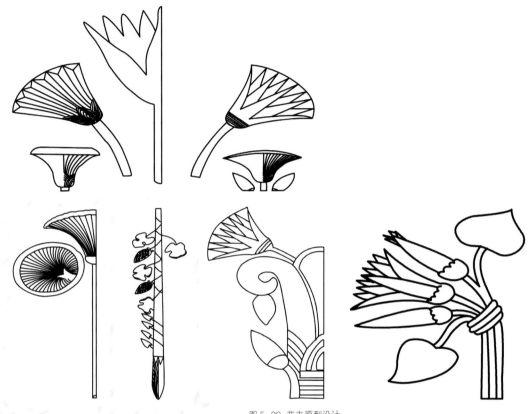

图5-20 花卉原型设计

（2）排列设计与填色

将设计元素合理排列，是纺织品设计中比较关键的一步，排列和色彩设计有时可以同时进行，有时纹样的布局设计会因色彩的变化而变化（图5-21至图5-23）。

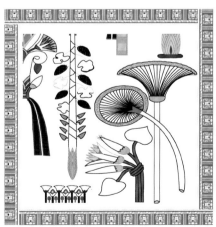

图5-21 排列设计与填色一　　　　　图5-22 排列设计与填色二　　　　　图5-23 排列设计与填色三

（3）色彩设计

以白底及浅褐色底衬托出古埃及元素的神秘，表达含蓄又充分，色彩感觉明快活泼，富有强烈的装饰感。图 5-24 至图 5-26 为系列设计，暖色是其主色调，在蓝色和红色的强烈对比下，加上很多暖灰色，使得色彩和谐，有视觉冲击力。

图 5-24　设计稿一

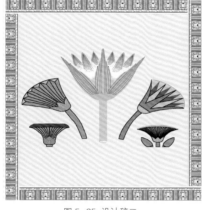
图 5-25　设计稿二

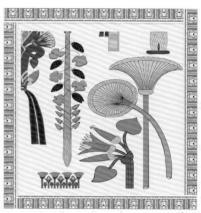
图 5-26　设计稿三

（4）应用设计

该系列抱枕设计错落有致，大面积的红色沙发使得埃及系列的抱枕更显气质（图 5-27）。

图 5-27　应用设计

室内软装作为新理念，在中国住宅装修行业中迅速兴起，优秀的抱枕设计在营造舒适温馨的居室环境中起着重要的作用。埃及系列抱枕设计，其质感、肌理、色彩及图案，既可产生强烈的富有地域情调的视觉享受，又可对室内空间的生硬、冰冷感起到柔和、弱化的作用，形成具有风格特征的居室环境。